Guide du Médecin et du Malade

AUX EAUX DE CAUTERETS.

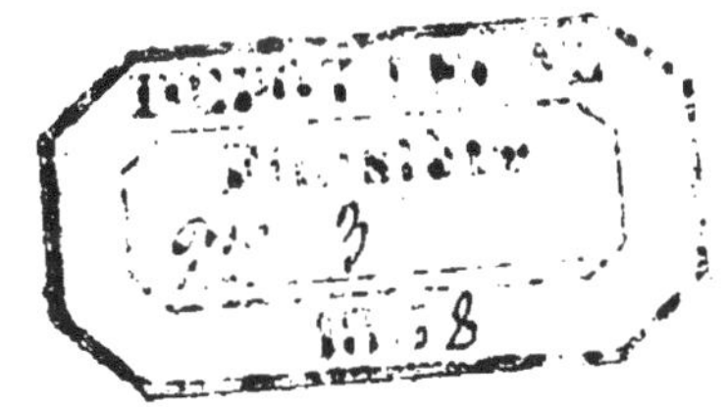

BREST. — IMPRIMERIE ROGER, RUE D'AIGUILLON, 42.

CAUTERETS.

DES EAUX MINÉRALES

DE CAUTERETS.

GUIDE

DU MÉDECIN ET DU MALADE

A CES EAUX,

AVEC VUE, CARTE ET PLAN,

PAR LE Dr J. GOUËT,

Ancien Médecin Principal de la Marine Impériale, Chevalier de la Légion-
d'Honneur, Membre correspondant de la Société d'Hydrologie Médicale
de Paris,

Médecin consultant à Cauterets.

PARIS,	BREST,
NAPOLÉON **CHAIX** et Cie,	EUG. **ROGER,**
LIBRAIRES ÉDITEURS,	IMPRIMEUR-LIBRAIRE
Rue Bergère, 20.	et LITHOGRAPHE.

Et chez les principaux Libraires de France.

1858.

TABLE DES MATIÈRES.

1*

INTRODUCTION.

Le but que nous nous sommes proposé en composant ce livre est de rappeler à nos confrères l'étendue, l'importance et la variété des richesses thermales de Cauterets, d'apprendre à leurs malades les nombreuses ressources que cette délicieuse résidence possède tant pour leur guérison que pour leur agrément.

On chercherait vainement, en effet, dans toute la chaîne des Pyrénées, une localité plus agréablement située, plus richement dotée. On peut dire, sans crainte d'être démenti, que, par une faveur toute particulière, la nature a réuni sur ce point, et cela avec une abondance, une profusion merveilleuse, les sources les mieux appropriées à tous les genres d'affections, et, chose non moins digne de considération, c'est que cette admirable réunion a lieu dans le site le plus pittoresque peut-être de ces montagnes. L'art intervenant à propos, et à tous les degrés y a élevé des palais, tout en conservant de simples maisons pour satisfaire à toutes les exigences du luxe et de l'opulence, sans nuire aux besoins plus modestes et non moins réels. De là la vogue soutenue pour cette station véritablement privilégiée; de là ce concours toujours croissant de malades, de touristes, de visiteurs de toutes sortes, de toutes nationalités, qui viennent tous les ans demander à Cauterets les bienfaits de ses eaux, les impressions de ses sites, les émotions et les fatigues des excursions variées à l'infini dont il est le centre.

Nous ne sommes heureusement plus au temps où, pour jouir des bénéfices, des ressources extrêmes qu'offrent les eaux, il fallait, sinon de la fortune, au moins une grande aisance et de plus la force de supporter les fatigues d'un long voyage. Aujourd'hui ces puissants moyens de guérison sont, grâce à la commodité et à la rapidité des voies de communication, mis à la portée de tous. Mais quelque grandes que soient ces facilités qui bientôt pour Cauterets seront telles, que les malades se verront, pour ainsi dire, déposés par le rail-way à l'entrée de la gorge qui y mène, un voyage aux eaux est toujours pour celui qui vient y chercher la santé une affaire sérieuse. Il importe donc que le médecin et le malade soient exactement et consciencieusement fixés sur les chances probables ou certaines de guérison que peuvent offrir celles qu'ils auront choisies.

L'observation précise et rigoureuse des faits pendant la durée du traitement, complétée par les renseignements puisés auprès des médecins habituels des malades sur les résultats ultérieurs et définitifs de ce traitement, peut seule conduire à établir des règles positives à cet égard et permettre d'éclairer cette partie importante de l'art de guérir. C'est vers ces conséquences indispensables et malheureusement trop négligées jusqu'ici que tendent les travaux de l'auteur et c'est dans cette vue qu'il recueille chaque année avec le plus grand soin tout ce qui peut servir à arrêter l'opinion sur la valeur réelle des eaux. Il n'a pas la prétention de faire à lui seul et d'une seule fois une œuvre aussi difficile, à laquelle le concours de chacun et la longueur du temps sont nécessaires, mais il s'efforcera de fournir sa part des éléments indispensables à la solution de cette intéressante question en publiant, à mesure qu'il les croira assez complets, les résultats de ses observations.

Il pose aujourd'hui un premier jalon en donnant ce livre qui est une sorte d'introduction à ces travaux ultérieurs. Avant de parler plus spécialement et plus gravement à la science, il s'adresse à tous en faisant connaître, dans leurs particularités, le théâtre de ses études, le champ fécond et varié où il puise, les nombreux moyens dont il peut disposer et le cadre étendu de maladies qu'il peut embrasser pour atteindre le but qu'il annonce.

CHAPITRE ·Ier.

---

§ 1er. Situation et description.

Cauterets est une très-élégante petite ville de l'arrondissement d'Argelès , dans le département des Hautes-Pyrénées. Située par 42° 35' de latitude N. et 2° 28' de longitude O. du méridien de Paris, à la hauteur de 993 mètres au-dessus du niveau de la mer, au centre des montagnes qui s'élèvent de plus en plus pour atteindre la cime qui forme la limite entre la France et l'Espagne, elle est seulement distante de celle-ci de 15 kilomètres.

Bâtie dans le riant bassin qu'entourent et protègent les masses verdoyantes et élancées du Monné , du Lisey et de Perraute , rien ne la fait pressentir tant elle est gracieusement cachée par les bosquets qui l'environnent et dominée par la majestueuse pyramide de Péguère qui semble la couvrir. Elle termine de la façon la plus délicieusement imprévue la gorge à la fois pleine d'horreur et de beauté qui y conduit, tandis qu'au delà s'étendent le val charmant de Lutour et celui non moins admirable et émouvant de Géret. Ce dernier mène au pont d'Espagne et delà à Penticosa par le Marcadau d'une part et de l'autre au lac de Gaube et au glacier du Vignemale. Ce vallon, sans pareil dans le reste des Pyrénées, descend du sud au nord par une succession de sinuosités, qui sans gêner la vue la limitent seulement assez pour permettre de mieux embrasser le cadre sans cesse renouvelé où l'on se trouve. Il est arrosé par le gave sorti du lac de Gaube, qui reçoit au pont d'Espagne les eaux du Marcadau, y forme les cascades tant vantées de ce pont, et après les chutes aussi admirables de Boussès, du Pas-de-l'Ours, du Cériset, se grossit des affluents de Lutour et de Cambasque pour aller, au bout de la course la plus accidentée, se mêler à Pierrefitte au gave de Gavarnie, serpenter dans la vallée d'Argelès et arroser plus loin la magnifique plaine de Pau.

C'est dans une de ces sinuosités qu'est situé Cauterets, tellement abrité qu'on s'y croirait sans issues. Aussi n'y ressent-on jamais les vents du Nord, qui arrêtés d'ailleurs par les monts Davantaigues, à l'entrée de la gorge, n'y pénètrent jamais. La brise du Sud y envoie ses dernières bouffées, mais c'est celle du beau temps et elle n'apporte que la chaleur et la sécheresse de l'Espagne sur laquelle elle a passée. Les seuls vents contraires sont ceux de la partie de l'Ouest, non pas encore qu'on les y sente, grâce à la ceinture qui protège la ville de ce côté, mais parce qu'ils amènent les orages et les brouillards. Ceux-ci descendent rarement jusqu'au niveau du sol, mais accrochés aux flancs des montagnes ils s'épuisent en pluie ou obscurcissent le soleil pendant deux ou trois jours, de manière à rappeler par l'abaissement de la température qu'on est à la hauteur de près de mille mètres. D'où la nécessité que nous dirons plus tard de se munir au départ de quelques vêtements de laine et de se couvrir selon l'état du ciel. Quoique très-généralement la saison soit belle et chaude à Cauterets, la fraîcheur relative des matinées et des soirées en font d'ailleurs une précaution utile et même indispensable.

§ 2. Routes à suivre et moyens pour arriver.

De quelque point de la France que l'on parte pour venir à Cauterets, il faut passer par Bordeaux, Agen, Montauban ou Toulouse pour gagner plus immédiament Pau ou Tarbes. Les quatre premières villes sont reliées entr'elles et au reste de la France par des lignes de chemins de fer qui permettent de les atteindre avec la plus grande facilité. C'est surtout par Bordeaux et par Toulouse que l'on arrive, Bordeaux où se rendent ceux qui viennent du Nord de la France et de l'Europe et de l'Ouest, Toulouse qui reçoit ceux qu'envoient l'Est, la Suisse, l'Italie et tout le Levant. L'Espagne trouve sa route tout naturellement par Bayonne, quand ses habitants qui fréquentent si largement nos sources ne jugent pas préférable de franchir directement la chaîne au port de Marcadau, en prenant le chemin le plus court, sinon le plus commode.

Si l'on arrive à Bordeaux le soir, on a toute une nuit pour se reposer; mais on peut n'y arriver que le matin et en repartir le jour même. Pour se rendre delà à Cauterets on a le choix entre Tarbes et Pau, mais quelle que soit celle de ces directions que l'on adopte, il ne faut pas négliger d'arrêter de suite ses places jusqu'à Cauterets même, au bureau des correspondances de la gare, si on ne l'a déjà fait aux bureaux des messageries en ville. De cette façon on évite tout arrêt, tout retard en chemin.

Si l'on s'est décidé pour Tarbes, on prend le chemin du Midi (ligne de Bayonne) jusqu'à Morcens. Là on quitte la ligne pour suivre l'embranchement sur Mont-de-Marsan. C'est dans cette dernière ville qu'on trouve la voiture qui mène à Tarbes où l'on arrive soit dans la nuit, soit le lendemain matin, suivant qu'on a pris la diligence du matin ou le courrier du soir. On repart de Tarbes entre onze heures et midi et l'on est rendu à Cauterets vers cinq heures du soir. Si nous nous en rapportons aux travaux déjà très-avancés de cet embranchement qui relie Tarbes à Bordeaux par le chef-lieu du département des Landes et si des circonstances imprévues ne viennent pas paralyser le bon vouloir de l'administration de la ligne, le trajet se fera bien plus facilement, car il a été promis que, pour la saison de 1858, la voie ferrée viendra jusqu'à Tarbes, ce qui réduira le parcours en voiture à la distance qui sépare Tarbes de Cauterets, c'est-à-dire à 6 heures environ.

Si, au contraire, on a choisi sa route par Pau, on quitte la ligne de Bayonne, à Dax pour s'embarquer soit dans la diligence, soit dans le courrier, selon qu'à Bordeaux on a arrêté ses places dans l'une ou l'autre de ces voitures dont on trouve les conducteurs attendant les voyageurs à la gare de Dax. Cette direction est généralement préférée et le sera souvent encore, même après l'achèvement de l'embranchement jusqu'à Tarbes et à plus forte raison quand la ligne de Pau sera aussi établie, parce qu'on a l'avantage de voir cette charmante ville, si aimée des étrangers et de jouir du splendide panorama des Pyrénées au milieu du plus délicieux paysage. On arrive le soir même à Pau, on y passe tranquillement la nuit, la voiture pour Cauterets ne partant que le lendemain matin vers 8 heures pour arrriver à destination entre 5 et 6 heures du soir, après avoir fait une station à Lestelle pour déjeuner et visiter l'église et le calvaire si renommés de N. D. de Bétharram. De Pau à Lourdes c'est un ravissement continuel et l'on ne sait ce que l'on doit admirer le plus, ou des montagnes vers lesquelles on s'avance ou de la splendide plaine qu'on traverse.

Toutefois ce n'est qu'à partir du 16 Juin que l'on peut préférer cette voie si attrayante, car c'est de cette époque seulement que les messageries établissent un service régulier, les voyageurs n'arrivant guère avant ce temps. Mais ce n'est point un obstacle absolu ; à Pau, en tous temps, on se procure très-facilement une voiture particulière qui, pour peu qu'on ne soit pas seul, ne coûte pas plus que la diligence. Des entreprises particulières se chargent aussi de transporter les voyageurs, quand il s'en présente un certain nombre et enfin des voitures publiques partent régulièrement chaque matin pour Tarbes et correspondent avec celles qui vont à Cauterets.

De Toulouse le trajet est facile. Il part chaque jour de cette ville pour Tarbes quatre voitures y compris le courrier de Bayonne ; celui-ci passe par Auch, les autres au pied des montagnes par St.-Gaudens. Elles mettent de 15 à 18 heures pour faire le trajet, mais nous touchons au moment où ce temps sera bien abrégé, car les travaux du chemin pyrénéen de Toulouse à Tarbes sont très-avancés et nous avons l'espoir que, cette année même, la portion de Toulouse à Montréjeau sera livrée à la circulation, ce qui réduira à 50 kilomètres la route à faire en voiture.

Ceux qui viennent par Agen et Montauban trouvent, tous les jours dans la première de ces villes et tous les deux jours dans la seconde, une grande voiture qui part le soir et arrive le lendemain à Tarbes avant le départ de celles pour Cauterets. Lorsque la ligne du centre sera achevée, elle offrira de grandes facilités aux malades de toute cette partie de la France, puisqu'elle viendra aboutir au chef-lieu du département des Hautes-Pyrénées, mais quoique les travaux soient commencés entre cette ville et Agen ils marchent lentement et nous ne sommes pas encore au temps où il n'y aura plus à faire en voiture que les 48 kilomètres restants pour atteindre Cauterets.

Dans le fort de la saison, si l'on ne trouve pas de places à Bordeaux par Pau ou par Mont-de-Marsan, on peut, pour ne pas perdre trop de temps, gagner Agen par le chemin de fer ou par le bateau à vapeur de la Garonne et venir y chercher la voiture pour Tarbes.

2*

Mais qu'on vienne par Tarbes ou qu'on arrive par Pau, c'est à Lourdes qu'on aboutit pour entrer dans la vallée si célèbre d'Argelès, délicieux et fertile bassin, entouré de toutes parts de hautes montagnes aux pentes couvertes de bois et de prés, arrosé par mille ruisseaux tributaires du gave qui serpente au milieu en un long ruban étincelant, sillonné par une route charmante, comme sablée, sans cesse arrosée, qui, sous de fraîches allées, à travers vingt villages, conduit au pied du mont Solom, à Pierrefitte où l'on parvient fort intrigué de savoir par où l'on pourra pénétrer plus avant.

Là, cependant, s'ouvrent deux gorges magnifiques où les douces impressions de la plaine font place à des émotions plus vives, excitées par l'aspect imposant et sauvage des masses entre lesquelles on s'engage, par le bruit du torrent qui gronde au fond du précipice que dérobent les arbres, par la solitude qui succède à l'animation qu'on vient de quitter. Une légère inquiétude, presqu'un peu de crainte, se mêle à l'admiration en côtoyant ces montagnes, si belles mais si hautes qu'elles paraissent menaçantes, si resserrées par fois que le gave seul semble pouvoir s'y frayer un passage. L'art cependant a su y tracer une route aussi sûre, aussi facile qu'en plaine, mais autrement attrayante par ses contours, ses ponts, sa position aux flancs entaillés des rochers, au-dessus des profondeurs où mugit le gave. De ces deux gorges , l'une conduit vers l'Est à Luz , St.-Sauveur, Gavarnie et Barèges, l'autre mène au Sud à Cauterets.

Celle-ci commence à Pierrefitte par une superbe rampe de 1600 mètres, commencée en 1836 et terminée en deux ans d'après les plans et sous l'habile direction de M. Le Franc, ingénieur alors du département, qui fit ainsi disparaître les difficultés et les dangers de la rude montée d'autrefois taillée dans les schistes de Lestain. Du haut de cette rampe on jouit encore , au moment de s'enfoncer dans la gorge , de l'admirable vue de tout le Lavédan. Vers le milieu de la route on rencontre une seconde merveille due au même génie et constituée par les gracieuses courbes qui, sous le nom de Limaçon, rémplacèrent deux ans auparavant une autre montée dont le ressaut aujourd'hui si facilement franchi ne donne qu'une imparfaite idée. Bientôt un nouveau tracé en voie d'exécution reliera ces deux points par une pente uniforme, plus solide et plus sûre que la voie actuelle, assise sur un terrain sablonneux ou accidentée par quelques côtes courtes, mais trop raides. Au-delà du Limaçon la route et le gave sont de niveau, les montagnes s'écartent, offrant sur leurs flancs moins abruptes des prés étagés jusqu'aux bois qui couronnent les sommets. L'on avance alors plus rapidement, sous des frênes d'une vigueur et d'une végétation surprenantes, vers

Cauterets, où l'on arrive émerveillé tant on est loin de soupçonner le charmant assemblage de somptueux hôtels, de fraîches et élégantes maisons qui ont succédé aux humbles cabanes jadis groupées autour des sources de l'Est. Celles-ci eurent cependant aussi leur illustration. De hauts et puissants seigneurs, de grandes et nobles dames vinrent s'y abriter, attirés par la renommée des sources, malgré la rudesse et l'âpreté des sentiers, seules voies alors de communication dans les montagnes.

CHAPITRE II.

Des Sources.— De leur situation. — Description des Établissements.

Les sources de Cauterets ne sont ni moins anciennement connues ni moins célèbres que toutes celles des
Pyrénées, ainsi que l'attestent les fontaines qui portent le nom de César et celle du Roi ou des Espagnols
qui prit, dit-on, ce nom de la guérison qu'y trouva
Sanche Abarca, premier roi d'Aragon. Elles furent
longtemps le rendez-vous de la spirituelle Margue-
rite, reine de Navarre. C'est en 945 que Raymond,
comte de Bigorre, en confirma la donation faite par
Charlemagne aux moines de St.-Savin, à la charge d'y
construire une église à St.-Martin et des logements
pour les malades, qui ont longtemps porté le nom de
Cabanes-des-Pères (1).

Mais qu'avons-nous besoin, pour établir leurs vertus, de remonter si loin et d'invoquer un patronage

____

(1) M. V. de Chausenque. *Les Pyrénées*, 2ᵉ édition.

plus ou moins illustre? Les faits actuels parlent assez haut; les cures merveilleuses opérées chaque année sous les yeux de tous, l'affluence toujours croissante des malades les affirment mieux que le caprice des grands ou les entraînements de la mode. Peu de localités possèdent des sources aussi abondantes, aussi variées, aussi bien appropriées à toutes les souffrances. On n'en compte pas moins de quatorze, réparties en deux groupes distincts, celui de l'Est et celui du Sud.

§ 1er. GROUPE DE L'EST.

Ce groupe comprend sept sources, savoir : César, les Espagnols, Pauze-Vieux, Pauze-Nouveau, la Sulfureuse-Nouvelle, Bruzaud et Rieumizet.

1° César-Vieux.

La source de César est une des plus anciennement exploitées. On voit encore, au-dessus des établissements actuels, tout près de l'endroit où fut érigée la première chapelle de Cauterets, qui ne se composait alors que de quelques chétives maisons bâties autour de ces sources, des vestiges de constructions anciennes, des traces de murs et une sorte de niche cintrée au milieu de laquelle débouchait un tuyau.

Plus bas, et un peu à droite, sont les restes du premier établissement de Pauze-Vieux, jadis appelé Bains-des-Pères, réduits à un hangar consacré au remplissage des bouteilles avec l'eau de César, dont il s'expédie chaque année des quantités considérables. C'est encore là que vont toujours boire bon nombre de malades et surtout les gens du pays et des contrées voisines qui, par habitude ou par préjugé, la préfèrent à l'eau de la même source alimentant avec les Espagnols, Pauze-Vieux et la Sulfureuse-Nouvelle, une élégante buvette vitrée construite un peu plus bas contre le nouvel établissement de Pauze-Vieux.

Les eaux de César, accrues par des fouilles exécutées avec une rare intelligence par M. François, et captées avec le plus grand soin dans des galeries souterraines d'un travail merveilleux, étaient naguères divisées en trois parties, une première réservée à l'exportation et aux buvettes dont il vient d'être question, une seconde alimentant la moitié gauche de l'établissement actuel de Pauze-Vieux, la troisième conduite avec l'eau des Espagnols, mais séparément, dans Cauterets, au grand établissement dit de César et des Espagnols. Depuis la saison de 1857 Pauze-Vieux n'est plus alimenté que par la source dont il porte le nom et l'eau de César qui y était employée a été ajoutée à la portion primitivement affectée au Grand-Établissement pour suffire à l'énorme consommation de celui-ci.

2° Pauze-Vieux.

Le Pauze-Vieux actuel est un charmant petit étatablissement, construit en 1852 et 53, à 10 mètres au-dessous et un peu à droite de l'ancien, à environ 100 mètres au-dessus des Thermes de la ville. Un joli vestibule, éclairé par cinq grandes ouvertures vitrées à arcade, sert de salle d'attente et donne accès aux cabinets, au nombre de douze, séparés au milieu par une élégante buvette en marbre noir à un robinet.

La température à la buvette est de 42,50 C. A la source elle est de 46,00 C. La sulfuration est de 0^{gr} 0279.

Les cabinets sont parfaitement disposés et les baignoires sont toutes en marbre poli, munies d'une douche ascendante et pourvues de trois robinets, un d'eau chaude à la température naturelle de la source, un second de la même eau refroidie et un troisième d'eau froide ordinaire; elles se remplissent par le fond. Les cabinets sont répartis comme il suit :

N° 1. 2 baignoires.

N° 2. Douche jumelle ou écossaise et grande douche chaude.

N° 3. 1 baignoire avec douche verticale tempérée.

N⁰ˢ 4, 5 et 6.   1 baignoire.

N⁰ 7.   3 baignoires.

N⁰ˢ 8 et 9.   1 baignoire.

N⁰ 10.   1 baignoire avec douche verticale tempérée.

N⁰ 11.   Douche écossaise et grande douche chaude.

N⁰ 12.   2 baignoires.

Les douches jumelles sont précédées chacune d'un cabinet et elles peuvent, au moyen d'un appareil particulier, être transformées en une grande douche uniquement chaude, verticale, mais à pavillon mobile permettant de l'appliquer sous tous les angles.

En avant de l'établissement est une terrasse d'où la vue s'étend sur Cauterets et son bassin, sur la masse énorme du Monné, sur les vallons de Cambasque et de Catarave, et se perd dans les sinuosités de la gorge.

C'est au-dessus de l'établissement, contre le pignon Nord, qu'est situé le pavillon vitré et dallé servant de buvette pour les quatre sources que nous avons mentionnées tout-à-l'heure et où quatre robinets distincts versent de gauche à droite les eaux : des Espagnols, temp. 48,00 C.; de César, temp. 49,00 C.; de Pauze-Vieux, temp. 46,00 C.; de la Sulfureuse-Nouvelle, temp. 38,50 C.

3° Pauze-Nouveau.

Pauze-Nouveau est un établissement particulier, appartenant à la famille Cazenave-Manuguet qui l'exploite pour son propre compte. Quoique d'une apparence moins flatteuse que son voisin, à gauche et un peu au-dessus duquel il est situé, il n'est pas moins fréquenté et renommé, à cause de quelques propriétés particulières à ses eaux. Il est d'ailleurs tenu avec le plus grand soin et les moyens de traitement y sont perfectionnés chaque année.

Cet établissement fut construit pour la première fois en 1816 ou 17, mais par une combinaison inconcevable, l'édifice fut placé sur un plan plus élevé que le point d'émergence de l'eau, de sorte qu'il fallut établir une machine pour élever celle-ci et la conduire au lieu d'emploi, ce qui ne se faisait pas sans une notable altération. Aussi dût-on se décider à réparer cette faute, et en 1843 on fit la construction actuelle, dont le sol est à 4 mètres au-dessous du griffon, ce qui donne aux douches une chute suffisante et toute la force désirable.

On pénètre par un grand vestibule précédant une longue galerie largement éclairée, exposée au Sud-Ouest, sur laquelle s'ouvrent les cabinets. Ceux-ci sont un peu sombres, mais très-propres et commodes, pourvus de baignoires en marbre. Ils sont au nombre de treize contenant douze baignoires seulement, parce que celui du milieu est occupé par une douche chaude. On entre dans cette douche par les deux cabinets latéraux où l'on prend le bain quand on l'associe à la douche.

Cette année le nombre des baignoires sera porté à dix-huit, la douche chaude sera transformée en une douche écossaise, une seconde douche chaude sera établie au n° 1 et on fera une salle d'inhalation au premier, ce qui mettra l'établissement en état de satisfaire à tous les besoins.

La température de l'eau est de 47,50 C.; la sulfuration de 0^{gr} 0279.

Les eaux des deux Pauze sont très-renommées et jouissent de vertus spéciales dans certaines formes de maladiescutanées, gastro-intestinales, vagino-utérines et rhumatismales. Elles sont encore particulièrement utiles dans les affections syphilitiques et dans toutes les lésions qui appartiennent à la diathèse scrofuleuse.

On arrive très-aisément aux établissements dont nous avons parlé jusqu'ici par une rampe très-large et bien entretenue qui commence sur la place du Grand-Etablissement et qui pourrait être facilement desservie par des omnibus, mais la plupart des malades aiment à la parcourir à pied et ceux qui en sont empêchés ont le secours des chaises à porteurs.

Un embranchement partant du coude que fait la

rampe vers son milieu et la continuant pour ainsi dire vers le Sud, rejoint la route impériale au pont de la Raillère et met ainsi en communication par une pente très-douce les sources de l'Est avec celles du Sud.

4° César et les Espagnols.

Le Grand-Établissement construit en marbre gris des Pyrénées d'après les plans et par les soins de M. Artigala, architecte du département, situé au centre même de Cauterets, reçoit les eaux de César et des Espagnols. Ces eaux ont leurs griffons à une centaine de mètres plus haut dans les galeries creusées en arrière et au-dessus de Pauze. Elles en sont descendues dans des conduits séparés, renfermés eux-mêmes dans l'aqueduc en pierres recouvert d'ardoises qui part du pied de la terrasse de Pauze. Cette question de la descente des eaux fut assez longtemps agitée, car si leur haute température permettait de la tenter, en vue de les mettre plus à la portée des baigneurs, on devait craindre d'autre part que, malgré les précautions prises pour cette opération, leur composition et par suites leurs effets n'en éprouvassent quelques fâcheuses modifications. L'expérience pouvant seule trancher la question, on se décida en 1834 à faire un essai sur les eaux des Espagnols. On construisit alors, presque dans l'emplacement occupé aujourd'hui par l'établissement, des barraques en planches munies d'une dizaine de baignoires qui fonctionnèrent pendant près de dix ans et justifièrent complètement la mesure. Aussi dès 1840 entreprit-on la construction du Grand-Établissement qui fut terminé en 1844 et l'on adjoignit alors à la source des Espagnols qui avait servi à l'expérience une partie de celle de César. Celle-ci, comme il a été dit, vient d'être encore augmentée de toute la portion distraite, l'an passé, du service de Pauze-Vieux.

Un magnifique escalier conduit par une douzaine de marches à des degrés latéraux qui, sous un péristyle à quatre grandes colonnes également en marbre, donnent accès de chaque côté à une vaste salle divisée en deux parties par une double rangée de cabinets adossés qui s'avance du fond sans occuper toute la longueur, mais se termine, au contraire, de façon à laisser une large communication entre les deux parties, celle de gauche alimentée par l'eau de César et celle de droite par la source des Espagnols. Cette disposition permet aussi d'aborder très-aisément la buvette qui est établie au milieu de la face par laquelle se termine la rangée de ces cabinets décorée d'un joli bassin en marbre vert dans lequel deux robinets versent incessamment l'eau de la source correspondante.

La disposition est au reste la même des deux

côtés ; il y a cinq cabinets sur chaque aile ; ceux d'en dehors servent aux bains seulement, ceux d'en dedans servent aux bains et aux douches tempérées. Ces douches peuvent être graduées à volonté au moyen de deux tuyaux munis de robinets qui, plus ou moins ouverts, laissent arriver les quantités voulues d'eau chaude et d'eau refroidie à une embouchure unique et mobile à laquelle s'adaptent des tubes en caout-chouc terminés par des disques variés en arrosoir ou à piston. Les baignoires, toutes en marbre poli, sont larges et commodes, avec couvercles en planches et robinets laissant arriver l'eau par la partie inférieure. Au fond sont une douche écossaise précédée d'un vestibule et une grande douche chaude aussi précédée d'un vestibule, les chauffoires et, du côté des Espagnols seulement, deux cabinets affectés aux bains de jambes entretenus par un courant continu d'eau à la température naturelle de la source (46,00 C.)

Des réservoirs parfaitement disposés dans les combles et autour de l'édifice, destinés aux eaux thermales maintenues à leur température par un écoulement constant, à ces mêmes eaux refroidies et à de l'eau froide ordinaire, fournissent à tous les besoins par des tuyaux appropriés et sont assez élevés pour donner aux douches toute la puissance nécessaire.

Comme on le voit, tout à été combiné de manière à rendre aussi complets que possible les divers modes d'administration des eaux et à donner à leur application la plus grande perfection.

Température à la buvette. . . .   45,00 C.
—   au cabinet n° 10. .   45,00 C.

Les eaux de César et des Espagnols sont des plus chaudes et des plus sulfureuses de celles de Cauterets, mais tout en conservant dans leur déplacement presque toute la chaleur primitive des sources, elles ont perdu quelque chose de leur sulfuration ou plutôt elles ont été modifiées dans leur sulfuration, ce qui, loin de leur nuire, leur donne les qualités précieuses que nous dirons plus tard.

M. le docteur Camus (1) conclut des résultats de la clinique d'un hôpital temporairement établi à Cauterets, dans les premières années de la révolution, et des faits qui lui sont propres, que les eaux de César et des Espagnols peuvent rivaliser d'efficacité avec celles de Barèges pour les affections chirurgicales. Elles conviennent tout particulièrement au traitement des rhumatismes, des maladies de la peau, des affections scrofuleuses, de certaines paralysies. L'eau de César en boisson jouit d'une réputation justement méritée dans les catarrhes pulmonaires chroniques, surtout chez les personnes âgées et dans l'asthme hu-

(1) Nouvelles réflexions sur les eaux de Cauterets, page 112.

mide; les pédiluves des Espagnols en secondent merveilleusement les effets.

5° Bruzaud.

Ces bains, construits dans l'origine à l'endroit même de la source, tout près et un peu au-dessus de Pauze-Vieux, étaient alors appelés Canaries ou bains de la Reine. Plus tard la famille Bruzaud, devenue propriétaire de la source, eut l'idée de la faire descendre, comme était descendu le village, et fit construire, vers 1800, l'établissement tel qu'il existe aujourd'hui. Mais les moyens employés pour conduire l'eau furent très-défectueux et il en résulta, dans sa sulfuration, une altération telle que Cauterets fut privé d'une source sulfureuse (mais il y en a tant d'autres!) et fut en revanche doté d'une eau très-analogue à celle de Plombières et qui rend des services spéciaux , si incontestables que, quels que soient les changements que la vallée, qui a fait récemment l'acquisition de la source, se propose de faire à cet établissement, il est à désirer que le canal soit conservé comme il est ou reconstruit de la même manière pour conserver à l'eau ses qualités actuelles.

Bruzaud touche au Grand-Établissement, au nord duquel il est situé. Il laisse beaucoup à désirer pour son apparence et quelques-unes de ses dispositions , mais il est question de le reconstruire et de le mettre en rapport avec les nombreux services qu'il rend tel qu'il est et qui s'accroîtront encore par des moyens d'application mieux entendus et plus complets. Aujourd'hui on y arrive par deux petites terrasses, précédant un vestibule de 4 mètres de largeur sur lequel s'ouvrent dix cabinets affectés à des bains, excepté le n° 7 qui sert aux douches ascendantes vaginales, le n° 8 aux douches ascendantes rectales et le cabinet du milieu sans numéro où se trouve une douche descendante fixe de 2 mètres de hauteur à laquelle on parvient par le n° 6. Aux extrémités de la galerie sont deux chambres; celle de droite, qui est le chauffoir, renferme deux cabinets à deux baignoires; celle de gauche conduit à deux autres cabinets aussi à deux baignoires. Toutes les baignoires sont en bois de sapin recouvert de zinc.

Température 40,00 C.

L'eau de Bruzaud, en raison des modifications qu'elle a subies, sert admirablement à tempérer l'action trop vive de quelques autres sources. Elle convient aux affections cutanées, rhumatismales, des individus d'un tempérament nerveux et irritable. Les leucorrhées avec engorgement du col, état granuleux, ulcérations, disposition à l'inflammation, y sont très-avantageusement traitées. Certaines maladies du tube digestif accompagnées de constipation ou de diarrhée sont heureusement modifiées par les douches ascendantes qui sont encore très-utiles contre certaines névralgies, les engorgements abdominaux, les affections hémorrhoïdales.

6° Ricumizet.

Cette source n'est pas appréciée comme elle mériterait de l'être, à cause de l'absence de tout élément sulfureux qui, précisément dans une localité où abondent tant d'autres sources très-riches en soufre, aurait dû la faire regarder comme une précieuse ressource contre l'action souvent trop excitante de celles-ci, sans compter les effets vraiment remarquables qui lui sont propres et qu'un usage plus suivi et une observation dégagée de toute prévention auraient encore rendus plus évidents et si utilement applicables au soulagement des malades. Nous la prescrivons et nous avons lieu de nous en applaudir, encouragé d'ailleurs par la longue expérience de notre excellent confrère et doyen le Dr Camus qui possède des milliers d'exemples de guérisons merveilleuses opérées par ces eaux, là où les autres ont échoué ou même ont empiré le mal par leur trop grande énergie.

L'établissement, d'une construction simple, fort attrayant par sa propreté, ses dispositions et sa situation est, après le Grand-Établissement et Bruzaud, le plus rapproché de Cauterets, se trouvant, pour ainsi dire, à l'entrée du parc, dans la partie la plus élevée d'une prairie qu'on aurait pu convertir à peu de frais en un jardin paysager, qui eût certainement rivalisé avec le parc et eût contribué, plus qu'on ne pense, à la réputation et à la fortune de cette source. Une pente douce conduit du chemin à une terrasse ornée de quelques humbles fleurs, où il eut été aussi très-facile d'établir un élégant parterre. En arrière de cette terrasse s'élève l'édifice consistant en une galerie spacieuse, exposée au sud-ouest et largement éclairée par cinq arcades. Au fond sont les cabinets de bains au nombre de douze, dont un à deux baignoires et un autre destiné aux douches ascendantes à piston, en arrosoir, fort-bien appareillées et administrées.

L'eau d'une température de 22,50 C. est sans odeur; elle est très-limpide et d'une onctuosité remarquable due à la matière gélatineuse verdâtre qu'elle contient. Sa saveur est douceâtre, mais sans répugnance. Prise à dose élevée elle a une action purgative assez prononcée.

Elle est éminemment utile dans les névroses avec éréthisme nerveux considérable, dans les dartres sécrétantes étendues, dans les affections utérines avec état inflammatoire subaigu, dans les blépharites et ophthalmies scrofuleuses, les ulcères dépendants de la scrofule et d'autres états diathésiques.

§ 2 GROUPE DU SUD.

Ce groupe comprend aussi sept sources, échelonnées sur les bords du gave, au bout du val de Cauterets et à l'entrée de celui de Géret. Ce sont : la Raillère, le Petit-St.-Sauveur, le Pré, Mahourat, les Yeux, les OEufs et le Bois.

1° La Raillère.

La Raillère, rivale des Eaux-Bonnes, source reine des Pyrénées, comme l'appelle le Dr Camus, est la plus précieuse et la plus fréquentée des sources de Cauterets, à cause de la proportion et de la combinaison de ses principes minéralisateurs si admirablement appropriées aux affections variées qui, chaque année, y trouvent leur guérison, et de sa température qui, étant en harmonie parfaite avec celle du corps, permet de l'employer telle qu'elle a été préparée par la nature.

L'eau de cette source, d'une abondance telle qu'elle suffit chaque jour au besoin de trente baignoires, et cela pendant quatorze heures, sans compter toute celle qui se consomme en boisson et en gargarismes, est limpide, incolore, très-onctueuse par la quantité de matière organique qu'elle contient et sa grande alcalinité, d'une saveur franchement hépatique, de l'odeur propre aux eaux sulfuré-sodiques. Sa température varie, tant à cause des trois jets qui la fournissent que par suite du trajet plus ou moins long qu'elle parcourt pour arriver des bassins aux baignoires, entre 33,00 et 40,00 C. Elle est de 35,00 au cabinet n° 1, de 38,00 au n° 7, de 33,00 au n° 29, de 40,00 au n° 14, à la buvette et au griffon du milieu.

L'eau de la Raillère est fréquemment et très-efficacement utilisée contre les affections chroniques, nerveuses ou autres, des voies digestives et des organes génito-urinaires, et aussi contre certaines dermatoses, mais c'est surtout dans les maladies de la poitrine, telles que catarrhes pulmonaires, pleurésies et pneumonies chroniques, affections du larynx, de la trachée-artère et des bronches, phthisie pulmonaire; dans les maladies du pharynx, les diverses angines, qu'éclatent ses vertus qui la placent, sous ce rapport, sur la même ligne que la source vieille des Eaux-Bonnes. Elle contient, à la vérité, moins de sulfure de sodium que cette dernière, mais elle a, *par cela même peut-être*, l'avantage d'être moins excitante qu'elle. Nous disons : par cela même peut-être, parce que, quand on voit un homme aussi compétent que le savant professeur de chimie de l'école de médecine de Toulouse hésiter à trancher la question, on ne peut qu'imiter sa réserve et adopter son opinion, justifiée par l'observation journalière des faits, à savoir que l'excitation n'est pas toujours en rapport avec le degré de richesse des eaux en sulfure alcalin, qu'il faut tenir grandement compte des autres éléments qui lui sont associés et que les quantités plus grandes de substances alcalines et de matière organique contenues dans l'eau de la Raillère, peuvent en modifier l'action sur l'économie (1). Nous sommes d'ailleurs très-porté à penser, comme M. Constantin James (2), que le mode d'administration doit exercer une grande influence sur les différences d'excitation des deux eaux, que les bains et les demi-bains dont on use peu aux Eaux-Bonnes et qui toujours à la Raillère sont employés concurremment avec la boisson, en stimulant vivement la peau et les parties inférieures du corps, tempèrent le mouvement fluxionnaire que l'usage intérieur de l'eau minérale détermine du côté des poumons, révulsion favorable que vient encore seconder l'usage des bains de jambes que l'on prend dans la soirée aux Espagnols.

On n'a rien négligé pour mettre l'établissement de la Raillère à la hauteur des immenses services que ses eaux rendent, et en harmonie avec les besoins de ses nombreux habitués; chaque année, des améliorations y sont encore faites pour l'avantage ou la com-

____

(1) M. E. Filhol. *Recherches sur les eaux des Pyrénées*, page 337.
(2) *Guide pratique aux eaux minérales de France, de Belgique*, etc. page 87.

modité des malades qui y affluent de plus en plus. En voyant aujourd'hui la vaste et longue terrasse qui le précède avec son joli pavillon vitré, la belle galerie où l'on est si bien pour attendre l'heure du bain, l'élégante buvette qui en décore le centre et qu'assiège une foule sans cesse renaissante, les cabinets à double compartiment qui règnent dans toute sa longueur, on se figure difficilement que, il y a à peine 75 ans, quoique la découverte et la fréquentation de la source date de 1600, il n'y avait là qu'un amas confus de roches granitiques tombées des hauteurs voisines, comme on en voit encore plus loin. C'était au-dessous du plus gros de ces blocs que venait sourdre l'eau qui était reçue dans un petit bassin, recouvert d'une sorte de retable en maçonnerie d'environ un mètre et fermé en avant par une pierre percée de deux trous, par lesquels passaient deux canons de fusil qui servaient de conduits et constituaient la buvette d'alors.

Les premiers bains furent établis au sud de ce bassin dans cinq ou six barraques contenant chacune deux baignoires en bois enfoncées dans le sol. L'eau s'y rendait par des conduits également en bois et à découvert. Pour tempérer ces bains on faisait refroidir l'eau dans des cuves voisines et on l'y puisait avec des sceaux pour la porter dans les baignoires. Ces barraques étant bientôt devenues insuffisantes, les fermiers en firent construire quelques autres en avant, dans la route même. Enfin plus tard on entreprit les premiers travaux d'un établissement réel, en élevant, en avant de la source, un pavillon en pierres, qui renfermait un réservoir pour l'eau et quatre baignoires en marbre. Mais ce n'est véritablement qu'en 1817 que, la concession de ces eaux ayant été faite à M. Fèche, dè Bayonne, on commença l'établissement actuel par la construction de l'aile gauche. Bientôt le pavillon lui-même disparut pour faire place aux cabinets du centre et enfin de 1826 à 1828 on compléta l'édifice par la bâtisse de l'aile droite.

Ces thermes représentent donc un long parallélogramme, d'un style simple, mais non dépourvu de grâce, construit sur une belle et large terrasse de 90 mètres de longueur, qui domine le cours du gave et d'où l'on voit, d'un côté, les gracieuses cascades et l'entrée du val verdoyant de Lutour, de l'autre, le bassin de Cauterets avec ses prés, ses bois et ses montagnes. De la terrasse on pénètre, par les deux extrémités et par le milieu, dans la galerie dont nous avons déjà parlé, parfaitement dallée et largement éclairée par de grandes fenêtres vitrées. Au centre est la buvette et sur toute la longueur règnent les cabinets au nombre de vingt-neuf, divisés en aile gauche, en centre et en aile droite. Tous sont spacieux, précédés d'un petit vestibule et pourvus d'une belle baignoire en marbre poli (un seul, le n° 20, en renferme deux), garnie de deux robinets qui introduisent l'eau par le fond, et munie, dans les n°s 9, 14, 20 et 21, d'un petit appareil pour les douches vaginales. Il n'existe aucune autre espèce de douches dans l'établissement.

Des chauffoirs pour le linge, vastes et commodes, sont placés à chaque extrémité et en dehors sont toutes les dépendances nécessaires, entr'autres une écurie pour les chevaux du haras de Tarbes qui, tous les ans, viennent se guérir de bronchites chroniques compliquées de diarrhée et de pertes séminales, en buvant avidement l'eau de la Raillère. Enfin, l'an dernier, on a élevé au centre de la terrasse et en face de la buvette un fort joli pavillon vitré d'une grande commodité pour les malades, à qui l'eau sulfureuse est prescrite en gargarismes et qui la rejettent dans une rigole en marbre constamment lavée par un courant d'eau ordinaire.

On a reproché quelquefois à la Raillère sa distance de Cauterets, qui est de 1800 mètres en suivant les contours de la route et d'un kilomètre seulement en ligne droite. Mais cette distance, loin d'être un inconvénient pour la plupart des malades, leur fournit, au contraire, l'occasion d'un exercice très-favorable à l'action des eaux. Nous disons l'occasion et non point la nécessité, car un service d'omnibus, parfaitement établi et réglé, parcourt incessamment une route soigneusement entretenue et arrosée, dont les courbes se terminent par un charmant circuit à l'entrée même de la terrasse ; ceux que la voiture incommode ont de plus la ressource des chaises à porteurs. L'ancien chemin élargi, qui du pont mène en droite ligne et raccourcit beaucoup le trajet, est pris de préférence par ceux qui vont à pied.

Il serait fort à désirer que, à partir du pont, ce chemin fût exhaussé (et la quantité de blocs de granit qui encombrent les bords du gave rendrait ce travail facile et peu dispendieux), de manière à former une pente uniforme entre le pont et le point d'intersection de la route nouvelle, ce qui la ferait presque insensible ; que des marches en nombre suffisant, à l'entrée de la seconde portion, entre cette route et l'établissement, diminuassent ce qu'elle a de trop raide en ce point, que des arbres plantés sur les côtés en fissent une avenue et qu'elle fût interdite aux cavaliers. Ce ne serait pas seulement un agrément, mais bien un immense service rendu à la foule qui, tout le jour, parcourt ce chemin, tant pour venir à la Raillère que pour aller aux autres sources du sud et surtout à la fontaine tant aimée de Mahourat.

2° Petit-St.-Sauveur.

A 250 mètres au-delà de la Raillère, on franchit le gave sur une passerelle et à 100 mètres plus loin sur la gauche, on trouve le Petit-St.-Sauveur, établissement particulier d'une grande simplicité, mais très-recherché à cause des propriétés calmantes de son eau, qui rappelle celle de la source de la vallée de Luz dont on lui a, pour cela, donné le nom, en lui faisant perdre celui de l'ancien propriétaire Plaa. C'est aujourd'hui la propriété de M. Laurent Sarrète.

Cette source n'a commencé à être exploitée que vers 1805. Il n'y eut d'abord, comme partout à l'origine, qu'une barraque en planches, avec quatre baignoires en bois. C'est en 1814 qu'on construisit le corps de bâtiment le plus rapproché de la route, qui se compose d'un petit vestibule dans lequel s'ouvrent six cabinets dont quatre à deux baignoires. En 1818 on y adjoignit la petite aile de l'Est qui ne contient que quatre cabinets à une seule baignoire auxquels on arrive par un corridor fort étroit. Les baignoires sont en planches doublées de zinc. Il n'y a aucune espèce de douche, ce qui est fort regrettable, cette eau étant souvent prescrite en injections ou irrigations que les malades sont obligés de faire avec leurs propres moyens.

L'eau du Petit-St.-Sauveur assez fortement alcaline est claire et onctueuse. C'est une de nos sources les moins chaudes, car elle n'a que 29,00 C, mais employée à cette température même, qui constitue un bain frais très-voisin de la chaleur naturelle du corps et sans aucun mélange capable de l'altérer, elle répond parfaitement aux indications qu'elle est le plus souvent appelée à remplir et, quand il en est besoin d'ailleurs, on ajoute à sa thermalité propre par la même eau, chauffée dans un appareil bien disposé et dont la moindre quantité suffit.

Sa sulfuration n'est que de 0^{gr} 0099.

Elle convient surtout aux tempéraments nerveux et irritables et aux troubles si variés qui dépendent de cette fâcheuse prédominance de l'appareil sensitif. Elle est fort utile dans les affections du vagin et de l'utérus disposées à passer facilement à l'état subaigu, dans les maladies de la peau avec prurit incommode et éréthisme nerveux, dans celles qui sont accompagnées de certains troubles digestifs, dans les rhumatismes nerveux.

On ne la prend pas en boisson ; elle n'est employée qu'en bains et en injections pratiquées pendant la durée de ceux-ci.

3° Le Pré.

Un peu plus loin et sur le bord même du gave, on rencontre le Pré, autre établissement particulier, appartenant à la famille Capdegelle. Sa construction et son apparence sont des plus simples ; toutefois l'é-difice est soigneusement entretenu et la plus grande propreté y est observée. Les cabinets sont bien dis-posés et pour la plupart pourvus de baignoires en marbre. Il y en a dix-sept.

Les douze premiers sont établis autour d'un large corridor dans lequel on pénètre en arrivant. Six sont à droite, quatre à gauche et deux dans le fond. L'un de ceux-ci est consacré à une douche chaude descen-dante bien appareillée. Il est précédé d'un vestibule et communique avec le cabinet de bain voisin, pour la commodité de ceux qui allient ces deux modes de traitement. Il n'y a pas de douche dans les autres ca-binets. La rangée de ceux de gauche doit être pro-chainement prolongée vers le fond et élargie pour les rendre plus spacieux et en accroître le nombre deve-nu insuffisant.

Les cinq autres cabinets sont établis dans une pe-tite galerie contiguë, plus rapprochée du gave, à laquelle on parvient, en venant du premier corridor, par un couloir qu'on prend à droite en entrant, ou bien directement de l'extérieur, par un bout de ter-rasse ordinairement envahie par des groupes de paysans Espagnols, à qui cette partie est presque exclusivement réservée, car ils ont une grande pré-dilection pour cette source et s'y traitent à leur manière que nous ferons connaître tout-à-l'heure.

Derrière l'édifice on a construit, mais d'une manière très-imparfaite, deux petites salles d'aspiration, et il n'y a guère lieu de regretter cette imperfection, l'eau du Pré étant la moins appropriée de toutes aux affections qui réclament l'emploi de ce mode d'administration.

Cette eau, qui a d'ailleurs les caractères physiques des autres sources, est, en effet, un peu âpre, et a quelque chose de rude qui semble dû à la moindre quantité de glairine qu'elle contient, d'où la remarque de M. Camus que le carbonate alcalin n'est pas la cause unique de l'onctuosité de nos eaux. Sa saveur, moins douce et même un peu styptique, la rapproche de celle de Luchon, ce qui fait que notre confrère se demande si c'est parce qu'elle contient de l'alumine comme celle-ci, ou bien si cette particularité provient de la glairine moins abondante qui laisserait alors les autres éléments agir plus à nu ? (1).

Sa température est de 48,00 C. au griffon et de 47,50 C. à la buvette. Sa sulfuration de 0^{gr} 0224.

Elle n'est employée qu'en bains et en douches.

C'est, comme nous l'avons dit, la source préférée des Espagnols qui, chaque année, passent les monts en grand nombre pour venir à Cauterets se débarrasser de leurs dermatoses, de leurs affections gas-

(1) M. Camus Loc. cit. page 105.

triques et rhumatismales. Ils y font ce qu'ils appellent
une neuvaine, c'est-à-dire qu'ils y restent neuf jours
pendant lesquels, après un bain tempéré pour se
préparer, ils boivent de six à huit verres de l'eau de
Mahourat et prennent au Pré, avec ou sans douche,
deux bains par jour à la température naturelle de
l'eau qu'ils supportent pendant près d'une demi-
heure. En sortant du bain, où l'on conçoit difficilement que tous indistinctement puissent autant séjourner aussi impunément, ils s'enveloppent d'une
couverture de laine et, assis sur un tabouret dans le
cabinet même, ils complètent l'effet du bain par
une sudation si abondante que le sol en est inondé.
Ils s'habillent alors et après quelques instants de repos dans la galerie, ils s'entourent d'une autre couverture en guise de manteau ; ainsi drapés en vrais
hidalgos, ils regagnent gravement leur logis. La
neuvaine finie, ils retournent au pays, déjà soulagés
et sans doute bientôt guéris, à en juger par les imi-
tateurs aussi nombreux qui leur succèdent d'année
en année, les mêmes ayant rarement besoin d'y revenir. Il faut la constitution particulière à ces rudes et
sobres habitants des campagnes d'outre-monts pour
supporter un tel traitement que nous osons à peine
essayer, pendant quelques instants, sur quelques-uns
des nôtres, même en les entourant de toutes les précautions que les autres négligent complètement.

L'eau du Pré convient aux affections qu'on guérit par une vive stimulation de la peau et par suite de tout l'organisme. Aussi les vieux rhumatismes musculaires et articulaires, les névralgies avec atonie générale, les engorgements ganglionnaires, les affections strumeuses, les ulcères atoniques, les maladies de la peau chez les sujets lymphatiques, s'en trouvent admirablement.

4° Mahourat.

En quittant le Pré, la route fait un détour à gauche, puis à droite pour diminuer la pente qui conduit à Mahourat. Malgré ce zigzag elle est encore assez raide et l'on se propose de l'adoucir par un nouveau tracé qui, partant de la passerelle, gagnerait la scierie de Lutour et longerait ensuite la base de Hormigas. Toutefois, à part sa raideur, elle offre encore, telle qu'elle est, assez de commodité et si les nombreux buveurs, qu'appelle cette source si justement renommée, savaient quels dangers leur ont été épargnés et partant quel service leur a été rendu, ils n'y monteraient jamais sans bénir la mémoire de l'homme dont le zèle obstiné et l'ardent amour de l'humanité surmontèrent les difficultés de la position et le mauvais vouloir, le nom de M. Labat, alors inspecteur des eaux, qui, en 1817, fit construire, aux dépens du gave, la chaussée sur laquelle passe la route. Mahourat n'était, comme son appellation l'indique, qu'un affreux trou, ouvert sur le gave qui le couvrait dans ses crues et l'on n'y arrivait que par en-dessus en se laissant glisser sur des poutres, au risque de se précipiter dans le torrent. Aujourd'hui on brave la furie de celui-ci derrière un parapet solide et l'on peut, sans craindre la poussière humide qu'elle produit, admirer, avant d'entrer dans la grotte, la jolie cascade de Mahourat. Cette grotte, qui laisse beaucoup encore à désirer, beaucoup trop même, est formée d'un côté par le rocher et de l'autre par un mur en pierres sèches, œuvre du même M. Labat. A l'entour sont des bancs grossiers en bois; l'entrée en est fermée par des planches mal jointes et au fond coule incessamment la source dans un petit canal en bois où on puise l'eau. Le sol était naguère en terre constamment délayée par l'eau et formant un boue très-désagréable; cet inconvénient a cessé par les soins de Madame la duchesse de Montébello, qui la fit carreler à ses frais.

La température de cette eau est de 53,00 C., sa sulfuration de 0^{gr} 0149. Elle est claire et limpide et ne charrie que peu de glairine. Elle est très-facile à digérer et les buveurs eux-mêmes, qui ne sont que trop disposés à en abuser, vous diront que, associée à celle de la Raillère plus alcaline et plus riche en glairine, elle diminue ce que celle-ci a de trop lourd à l'estomac et la fait mieux passer. Toujours est-il qu'elle est rapidement absorbée et donne à la sécrétion rénale une grande activité, ce qui en fait un excellent diurétique, très-utile dans les affections chroniques du tube digestif. Aussi que de guérisons inespérées de gastro-entéralgies, de gastrites et d'entérites anciennes et rebelles à toute médication antérieure, d'embarras gastro-intestinaux, de diarrhées, de constipations, de vomissements habituels, d'engorgements du foie et de la rate, suites d'intoxication paludéenne, etc., sont racontées dans cette grotte par ceux qui en furent atteints, que la reconnaissance et non plus le besoin y ramènent ! Elle est encore très-efficace comme béchique dans les catarrhes bronchiques, en stimulant la muqueuse pulmonaire et en favorisant l'expectoration et rend ainsi de grands services aux personnes que fatigue celle de la Raillère ; certains asthmatiques la préfèrent à celle de César-Vieux.

5° Les Yeux.

La source des Yeux est un petit filet d'eau d'une sulfuration de 0^{gr} 0180 et d'une température de 39,00 C. qui coule le long du rocher d'abord et plus bas ensuite dans une rigole qu'elle tapisse des dépôts de la matière organique qu'elle charrie. Elle est immédiatement derrière la grotte de Mahourat et quoique d'un abord vraiment déplorable, elle est sans cesse occupée tant elle est renommée pour ses vertus réelles dans les affections catarrhales des yeux, dans les ophthalmies scrofuleuses, les blépharites chroniques, les conjonctivites granuleuses, les taies, etc.

6° Les Œufs.

A quelques mètres au-delà de Mahourat, on quitte la route qui tourne à gauche pour monter au Bois et, longeant le gave, on arrive aussitôt, par un petit pont, sous une voûte en planches où, des fissures du granit éclaté par la mine, du sol, de tous côtés, s'échappe l'eau abondante et chaude de la source aux Œufs, qui jusqu'ici coule inexploitée dans le gave, dont un énorme bloc de rocher brise et détourne là le cours impétueux. La température en est très-élevée; on ne trouve pas moins de 58,00 C. dans les jets supérieurs et au niveau du sol elle est de plus de 60,00. Sa sulfuration est de 0^{gr} 0192.

Elle n'a pas encore été utilisée à cause des difficultés, sinon de l'impossibilité, qu'offre la disposition des lieux à la construction sur place d'un établissement quelconque. Quelques malades toutefois ont l'imprudence d'aller respirer la vapeur qui s'en élève sans songer au voisinage du gave dont ils ont à subir en sortant la fraîcheur qui les expose aux plus grands dangers. Mais on a dû entreprendre cet hiver des travaux ayant pour but de la capter et de la descendre au-dessous du Petit-St.-Sauveur, dans la prairie qui est en face de la passerelle et où il sera fait un établissement provisoire, afin de juger de la perfection des moyens employés et du succès de l'opération ou d'apprécier les changements survenus et de rechercher la manière d'y remédier, d'observer, en un mot, les résultats de ce déplacement et enfin d'étudier l'action thérapeutique de cette eau.

7° Le Bois.

C'est la plus éloignée et la plus élevée des sources du Sud. Long-temps elle fut exploitée dans une bien chétive cabane, mais enfin les cures remarquables qui s'y opéraient déterminèrent à y construire le joli petit établissement qui, de sa position élevée, domine la vallée et que, en débouchant de la Raillère, on aperçoit gracieusement perché au milieu des masses tourmentées et boisées qui l'entourent.

Une large terrasse précède l'édifice dans lequel on entre par une galerie à cinq grandes ouvertures à arcade de cinq mètres de largeur, qui règne sur toute la longueur. Au fond sont : de chaque côté, deux cabinets de bains avec douches à une baignoire en marbre ; au centre , deux piscines aussi en marbre , mais trop petites et pas assez profondes, sur les degrés desquelles six personnes au plus peuvent se tenir assises. Deux conduits, s'ouvrant, l'un à 1 mètre , l'autre à 2 mètres 50, au-dessus du fond, y servent à l'administration des douches.

Trois sources peu sulfureuses , mais très-onctueuses et riches en matière organique , recueillies dans des réservoirs distincts , deux chaudes et une tempérée, alimentent les baignoires et les piscines ; la première, à 46,00 C., celles de droite ; la seconde, à 44,00 C., celles de gauche ; la tempérée, à 35,00 C., est distribuée dans les quatre cabinets où elle sert à modifier la température de la source chaude afférente. Sulfuration : 0^{gr} 0161.

L'eau du Bois n'est employée qu'en bains et en douches ; on ne la boit pas , parce qu'elle est difficilement supportée par l'estomac qu'elle fatigue. Elle jouit des mêmes propriétés relativement hyposthénisantes que celle du Petit-St.-Sauveur. Aussi convient-elle aux malades doués d'une certaine irritabilité, affectés de rhumatismes nerveux, de certaines paralysies, de maladies cutanées syphilitiques, d'affections chirurgicales, telles que caries, nécroses, rétractions et atrophies musculaires, entorses négligées, plaies chroniques, que les autres eaux exciteraient trop.

Cette source est malheureusement éloignée de la ville et très-élevée; les rhumatisants, qu'on y traite surtout, sont obligés de s'y faire porter dans des chaises, à la vérité bien disposées et maniéés par des hommes très-agiles et fort-adroits, mais ce n'en est pas moins un surcroît de dépense. Aussi a-t-on fait, en vue d'y remédier, un étage à l'établissement, avec des logements qui, toutefois, sont rarement occupés et sont restés, sans doute à cause de cela, dans un assez pauvre état.

Les piscines du Bois sont, comme nous l'avons dit, de dimensions beaucoup trop exiguës et ne peuvent conséquemment pas offrir le principal avantage de ce mode balnéaire, celui d'ajouter aux vertus de l'eau le bénéfice de l'exercice. M. Camus est opposé aux bains en commun qui ont, dit-il, l'inconvénient d'imposer une égale température à des malades possédant des dispositions vitales très-différentes et s'appuie, dans sa répugnance, sur d'autres considérations empruntées à Anglada (1).

Il y aurait peut-être quelques autres reproches à adresser à la manière dont les piscines sont établies et surtout alimentées d'habitude, et certes s'il fallait indistinctement imposer aux malades ces conditions fâcheuses, nous serions des premiers à proscrire les piscines. Mais sans vouloir infirmer en rien l'opinion

(1) M. Camus. Loc. cit. page 110.

de notre très-expérimenté confrère, nous pensons que dans une localité où, comme à Cauterets surtout, l'abondance et la diversité des eaux, la disposition actuelle des établissements offrent tous les moyens d'appliquer isolément le mode balnéaire qui convient à chaque individualité morbide ou organique, nous croyons, dis-je, que l'on peut encore trouver, dans l'immense quantité des baigneurs, des constitutions et des affections que l'on puisse soumettre à un traitement en commun, qui, aux avantages de la réunion, de la conversation, joint celui du mouvement pendant le bain, si propre à compléter dans certains cas l'action des autres éléments. Aussi émettons-nous le vœu que, pour les essais qui vont être faits sur l'eau des Œufs, une vaste piscine soit, sans exclusion des autres modes, mise à la disposition des malades et surtout que, loin d'être le réceptacle des eaux ayant déjà servi, elle soit entretenue par un courant continu d'eau venant directement de la source.

CHAPITRE III.

Do la nature des eaux. — De leurs caractères physiques. — De leur composition chimique.

Les eaux de Cauterets appartiennent aux hydrosulfatées alcalines d'Anglada, aux sulfureuses naturelles de M. Fontan. Elles sont limpides, incolores, plus ou moins onctueuses, d'une odeur plus ou moins prononcée d'œufs couvés, d'une saveur fade, douceâtre, franchement sulfureuse. Leur densité est un peu plus forte que celle de l'eau distillée. Elles présentent une notable quantité de matière organique ou organisée (barégine, glairine, sulfuraire). Elles laissent dégager à leurs griffons des bulles plus ou moins abondantes de gaz azote.

A l'article consacré à chaque source nous avons indiqué sa température et son degré de sulfuration, nous allons compléter ce qui a rapport à leur composition en donnant les analyses qui en ont été faites à diverses époques.

Poumier, en 1813, analysa les eaux de la Raillère et des Espagnols et y trouva : *du muriate de magnésie calcinée, du muriate de soude, du sulfate de magnésie, du sulfate de chaux, du sous-carbonate de chaux, de la silice, du soufre, de la matière végéto-animale.*

D'après Longchamps qui, en 1823, fit aussi l'analyse de ces eaux, elles contiendraient : *du sous-carbonate de soude, du sous-carbonate de chaux, de l'hyposulfite de soude, du muriate de soude, de la silice, de la matière organique.*

Il s'occupa plus particulièrement de l'eau de la Raillère dont il donna la composition suivante pour un litre d'eau :

Sulfure de sodium.	0^{gr} 019400
Sulfate de soude.	0 044347
Chlorure de sodium.	0 049576
Silice.	0 061097
Chaux.	0 004487
Magnésie	0 000445
Soude caustique.	0 003396
Potasse caustique.	
Ammoniaque	traces.
Glairine.	
Azote.	4 cent. cubes.

Anglada n'admettait point dans ces eaux la présence de la soude à l'état libre ou caustique, mais bien à l'état de carbonate de soude.

Orfila qui, en 1833, étudia les eaux de Cauterets, y signala aussi l'existence des principaux éléments ci-dessus. D'accord avec Anglada sur la nature du composé sulfureux, il établit que le soufre y est à l'état de sulfure de sodium. Voici, d'après les expériences faites par lui et par M. Pailhasson, pharmacien de Lourdes, les quantités de ce composé, par litre d'eau, dans les principales sources : *à César et aux Espagnols*, 0^{gr} 03024; *à Pauze*, 0^{gr} 02418; *à la Raillère*, 0^{gr} 01814; *à Mahourat*, 0^{gr} 01171; *aux Œufs*, 0^{gr} 00981; *au Bois*, 0^{gr} 00604.

MM. Boullay et O. Henry ont aussi constaté expérimentalement que le principe sulfureux de ces eaux est un sulfure neutre de sodium.

Mais le travail le plus complet que nous connaissions et le plus propre à fixer l'opinion sur la nature des éléments des eaux sulfureuses pyrénéennes, est celui que l'on doit à M. Filhol et qui est développé avec les plus grands détails dans le très-remarquable ouvrage publié par le savant professeur de chimie de l'école de Toulouse sur les eaux minérales des Pyrénées. Les recherches de cet habile chimiste ont principalement trait, à la vérité, aux eaux de Bagnères-de-Luchon, mais comme il les a prises pour le type auquel il rapporte les autres eaux sulfureuses de la chaîne, je vais indiquer les éléments dont il a reconnu l'existence dans les eaux de Luchon, en y ajoutant les distinctions qu'il fait en parlant de celles de Cauterets.

Ces éléments sont :

Des sulfures,

Des traces d'acide sulfhydrique,

Des sulfates,

Des traces de sulfites et d'hyposulfites,

Des chlorures,

Des traces d'iodures,

De l'acide silicique,

Des silicates solubles,

Des silicates insolubles,

Des carbonates,

Des phosphates,

Des sels solubles de chaux, — de magnésie,

Des sels insolubles de chaux, — de magnésie,

Des traces de fer, — de manganèse, — de cuivre,
    d'alumine, — de potasse,

Une matière organique,

De l'oxygène,

De l'azote (1).

Plus loin il dit : « Considérées dans leur ensemble,
« les sources de Cauterets jouissent de propriétés
« physiques et chimiques fort analogues à celles
« de Bagnères-de-Luchon ; elles s'en distinguent
« pourtant par la proportion beaucoup moindre de

____

(1) M. Filhol. Loc. cit. page 245 et suivantes.

« sulfure de sodium qu'elles contiennent. Quoiqué
« tout aussi altérables que les eaux de Luchon , elles
« laissent dégager beaucoup moins d'acide sulfhy-
« drique. Certaines sources laissent déposer, quand
« elles ont reçu le contact de l'air , une quantité
« notable de barégine. Les eaux de Cauterets m'ont
« paru riches en matière organique, et peut-être
« est-ce à cette substance qu'il faut attribuer les
« propriétés particulières que les praticiens ont de-
« puis long-temps reconnues à certaines sources de
« cette station thermale (la Raillère). Ces eaux sont
« riches en silice, quoique moins que celles de Lu-
« chon ; elles sont, au contraire, pauvres en chlo-
« rure de sodium. Les principaux produits de l'alté-
« ration que subissent les eaux de Cauterets, quand
« elles sont en présence de l'air, m'ont paru consis-
« ter en carbonate, silicate et hyposulfite de soude.
« Ces eaux, lorsqu'elles sont partiellement dégéné-
« rées, sont riches en hyposulfite de soude, ce qui
« s'explique aisément, puisque l'élément sulfureux
« ne se dissipant qu'en minime partie sous forme
« gazeuse subit au sein de l'eau elle-même la com-
« bustion qui le transforme en hyposulfite (1). »

Nous reproduisons ci-contre le tableau où il a consigné les résultats de ses essais sulfhydrométriques,
la détermination de la richesse en chlorure et de l'al-

______

(1) M. Filhol. Loc. cit. page 332 et suivantes.

NOMS DES SOURCES.	DATE des OBSERVATIONS.	LIEUX DES OBSERVATIONS.	Quantité de sulfure de sodium dans un litre d'eau.	Quantité de chlorure de sodium dans un litre d'eau.	Quantité de carbonate ou silicate alcalins représentée par son équivalent en carbonate de soude.
César-Vieux.............	1850.	Près de la source.......	0,0267	0,0638	0,0568
César-Nouveau...........	»	Sous la galerie.........	»	0,0277	»
Espagnols............	1850.	Près de la source.......	0,0254	0,0121	0,0337
Pauze-Vieux.............	1850.	A la douche.............	0,0245	»	0,0380
La Raillère.............	1850.	Au réservoir...........	0,0185	0,0264	0,0385
Petit-St.-Sauveur.........	»	»	»	»	0,0424
Le Bois................	»	»	»	»	0,0402
Mahourat................	1850.	A la buvette...........	0,0154	»	0,0256
Source aux OEufs........	1850.	Au griffon.............	0,0192	»	0,0383
Bruzaud................	1850.	A la douche...........	0,0150	»	0,0668

Nota. — Nous n'avons reproduit de ce tableau que ce qui appartient à M. Filhol.

calinité des principales sources de Cauterets, desquelles énonciations il déduit, comparativement à ce qui est de l'eau de Luchon : « que les eaux de « Cauterets sont un peu plus riches en carbonates et « silicates alcalins ou terreux, mais qu'elles sont « beaucoup moins sulfureuses; que cette proportion, un peu plus forte de sels à réaction alcaline, « est parfaitement en rapport avec la propriété « qu'ont ces eaux de ne laisser dégager que peu « d'acide sulfhydrique; que cependant l'expérience « montre que la plupart de ces sources éprouvent « une altération très-considérable avant d'arriver « sur les lieux d'emploi (1).

Voici, d'après le rapport adressé à l'Académie de Médecine par M. Buron, père, alors inspecteur des eaux de Cauterets, les proportions de cette altération pour quelques sources (2).

NOMS DES SOURCES.	SULFURE de sodium dans un litre d'eau.	LIEUX D'OBSERVATION.	Perte sur 100 parties.
Petit-César..	0^{gr} 0280	Sous la galerie.	«
Idem.	0, 0186	Au bassin d'arrivée à 10 mètres du sol.	33
Idem.	0, 0179	A la buvette..	36
Idem..	0, 0174	A la douche. . . . . , .	37
Espagnols.	0, 0223	A 10 mètres du sol, . . .	«
.dem..	0, 0100	A la buvette.	55
Idem..	0, 0020	A la douche.	91
Raillère.	0, 0199	Au griffon.	«
Idem..	0, 0199	A la buvette.	«
Idem.. . . . . , .	0, 0155	Au cabinet n° 11.	22

(1) M. Filhol. Loc. cit. page 334 et suivantes.
(2) Rapport de M. Patissier (1851).

Malgré cette altération l'élément sulfureux a plus de fixité dans les eaux de Cauterets que dans certaines autres, à cause du peu d'acide sulfhydrique qu'elles laissent dégager. M. Filhol pense que le sulfure n'y est pas détruit de la même manière que dans celles-là et qu'il est probable qu'il est transformé plus particulièrement en polysulfure de sodium, sulfite et hyposulfite de soude, d'où certaines propriétés thérapeutiques propres aux sources de notre localité, plus douces et plus sédatives que celles de Luchon.

Du reste, l'air jouant un grand rôle dans cette altération, il sera très-facile, quand on le voudra, de la prévenir, en employant le moyen indiqué par ce savant, qui croit pouvoir affirmer qu'elle dépend probablement moins de la nature même de l'eau que de la manière dont elle est conduite, c'est-à-dire, en ne faisant parcourir à cette eau que des tuyaux dont elle remplisse exactement la capacité. Mais nous pensons, comme lui, que cette mesure ne doit être tentée que là seulement, où certaines maladies et certaines constitutions exigent l'action de doses un peu fortes de sulfure de sodium, et nous demandons que les choses soient laissées telles qu'elles sont dans la plupart des autres établissements, où l'expérience a consacré et constate chaque jour les merveilleux résultats, dus à nos bains doux, hyposthénisants, riches en hyposulfite et en silicate de soude.

En parlant de la composition de nos sources, nous avons à dessein négligé les débats relatifs à la nature du principe sulfureux, que les travaux de M. Filhol nous semblent avoir définitivement fixés, en démontrant que ce principe est un monosulfure de sodium et en confirmant ainsi les opinions de Bayen, Anglada, Orfila, Boullay et O. Henry.

Nous ne nous sommes pas non plus étendu sur les formes et les différents états de la matière organique, nous contentant d'en signaler l'abondance dans la plupart de nos fontaines et de penser qu'elle doit être prise en grande considération dans l'action physiologique et thérapeutique de nos eaux.

Les détails dans lesquels nous sommes entrés, touchant la composition chimique de ces eaux, prouvent que nous attachons à celle-ci toute l'importance qu'elle mérite et que nous comprenons les indications qu'on en peut tirer au point de vue de la pratique. Nous sommes loin toutefois de nous laisser exclusivement guider par l'existence de tels ou tels éléments, de telles ou telles proportions. Nous pensons, au contraire, qu'il faut bien plutôt, dans leur action, considérer l'ensemble de tous les éléments et la manière dont ils sont réunis et agrégés. Les inductions déduites à priori de leur présence et de leurs degrés doivent surtout être sanctionnées par une observation clinique rigoureuse, basée sur la différence des tempéraments, des constitutions, des idiosyncrasies, car de cette dernière, en définitive, dépend l'appréciation exacte des effets curateurs de chaque source et de chaque localité thermale.

CHAPITRE IV.

Tous ceux qui ont étudié l'action des eaux sulfureuses sur l'homme à l'état de santé, la plupart de ceux qui ont écrit sur elles en n'ayant égard qu'à leur composition et à leur thermalité, ont rapporté leurs effets à l'excitation et lui ont attribué l'activité plus grande qu'ils signalent dans les fonctions digestives, circulatoires, intellectuelles, sécrétoires et locomotrices. Pour eux cette excitation, avec la révulsion qui en est la conséquence, est la pierre angulaire du traitement thermo-sulfureux. Ce n'est qu'en la subissant, ce n'est qu'en traversant cette sorte de fièvre sulfureuse provoquée qu'on peut arriver à la guérison. Quelques-uns, cependant, et nous sommes de ce nombre, repoussent cette manière uniforme d'envisager l'action des eaux sulfureuses et pensent que ce n'est pas en stimulant qu'elles agissent dans la

majeure partie des cas où elles réussissent. M. Camus
a rapporté, à l'appui de cette manière de voir, bon
nombre d'observations où les eaux ont guéri en
agissant directement sur l'organe malade, sans aucun phénomène d'excitation ou de révulsion. Ce n'est
pas cependant qu'il nie toute excitation susceptible
d'être suscitée par les eaux et leur action réflexe
salutaire sur les muqueuses pulmonaire, digestive,
urétrale, sur les sécrétions urinaire, cutanée, etc.,
qu'il apprécie, au contraire, de la manière la plus
logique et la plus satisfaisante (1).

Certes les phénomènes d'excitation sont incontestables et fréquemment observés, la seule élévation
intempestive de la température d'un bain suffit pour
les produire. Le tort est de vouloir considérer l'excitation comme uniformément et invariablement inhérente à l'action des eaux. Beaucoup, et nous en
ajouterons des exemples à ceux relatés par M. Camus,
guérissent sans avoir présenté le moindre phénomène
de ce genre, au moins dans l'acception que l'on prête
généralement au mot excitation. D'autres, chez lesquels il s'en produit, les voient cesser en passant à
une autre source, en apparence douée des mêmes
principes, dans les mêmes proportions, sinon plus
fortes.

C'est que l'action des eaux est, comme nous l'a-

(1) M. Camus. Loc. cit. page 77 et suivantes.

vons dit, une action complexe et que, pour la con-
cevoir, il faut avoir égard à tous les éléments du pro-
blème.

Tantôt elles portent leur action sur la seule partie
malade et la débarrassent doucement et sans se-
cousse, tantôt la guérison est due à la régularité, à
l'harmonie rétablie dans l'organisme tout entier.

L'eau elle-même qui, comme véhicule ou dissol-
vant des autres principes, tient tant de place dans les
sources, l'eau seule considérée comme agent thérapeutique et modifiée par des températures diverses,
produit, ainsi que l'a si bien exposé Anglada, les
effets les plus diversifiés. L'action des principes minéralisateurs sera bien différente d'ailleurs, suivant
qu'ils agiront sur un malade surexcité par une forte
chaleur de l'eau, ou placé dans d'autres conditions
par une température moins élevée.

En dehors de ces considérations, tirées de la chaleur plus ou moins grande de l'eau, ne voit-on pas,
comme le démontre M. Filhol (1), certains éléments,
la silice par exemple, par leur quantité plus ou moins
grande, réagir sur quelques autres ou les laisser in-
tacts, d'où une action évidemment différente sur les
malades qui y sont soumis? Le degré de fixité de l'é-
lément principal, sa conservation ou son altération,
suivant la manière dont les eaux sont captées et con-

(1) Loc. cit. page 15.

duites sur les lieux d'emploi, sont encore des conditions d'action bien différente de cet élément.

Il ne faut pas, en outre, considérer certains éléments seulement ou les considérer comme agissant isolément, mais bien envisager aussi l'ensemble de la composition, la manière dont toutes les parties sont mêlées, combinées, réunies par la nature pour en faire un médicament que l'art cherche vainement à imiter.

Il faut aussi tenir compte des conditions hygiéniques nouvelles où se trouvent placés ceux qui viennent aux eaux, de l'influence de l'air, du climat, de l'électricité, du calorique, de la sécheresse, de l'humidité et surtout des changements opérés dans la manière de vivre, dans les habitudes, dans les idées des malades, toutes causes adjuvantes de l'action propre des eaux.

Enfin et surtout, cette action dépend de la nature de la maladie, de son ancienneté, de sa durée, de ses diverses phases; de l'espèce et des résultats des moyens déjà employés; du tempérament, de la constitution, de l'idiosyncrasie propres à chaque malade, des aptitudes physiques et morales de chacun; du concours que l'on juge utile de demander aux moyens ordinaires de la thérapeutique.

Certains effets des eaux se produisent dès l'instant où le malade est soumis à leur action, mais ce sont le plus souvent des effets perturbateurs, rarement utiles et qu'il faut le plus généralement prévenir, par conséquent arrêter quand ils se manifestent, en en recherchant la cause qui dépend souvent moins du traitement que de l'abus des eaux, des écarts de régime, des exercices trop violents, etc., et auxquels il faut remédier par le repos, les adoucissants, la suspension de l'usage des eaux qu'on ne reprend qu'après la cessation de ces troubles, en s'observant mieux. Les effets vraiment curateurs, ceux dont une judicieuse direction et une scrupuleuse exactitude préparent et assurent la réalisation, se produisent lentement et pour ainsi dire, presque insensiblement. Peu de malades sont assez heureux pour obtenir leur guérison pendant le séjour aux eaux, d'ailleurs généralement très-limité. Beaucoup ne constatent l'amélioration de leur état qu'à une époque avancée de leur traitement ou même un peu plus tard. Quelques-uns partent plus souffrants qu'ils ne l'étaient en venant et cette condition est parfois désirable.

Quoiqu'il en soit, il est de toute vérité que l'action curative des eaux se prolonge long-temps après qu'on en a cessé l'usage et le plus souvent on n'en ressent les avantages que quelque temps après le retour dans ses foyers. Les éléments absorbés pendant le traitement peuvent être décomposés par les actes de la vie, ainsi que le démontrent les expériences de

M. Bonjean et de G. Astrié, mais ils n'en séjournent
pas moins fort long-temps dans l'économie, comme le
prouve l'odeur particulière que les malades trouvent,
après plusieurs mois encore, à certains produits de
leurs excrétions. Aussi doit-on continuer à observer,
pendant un certain temps, les prescriptions qui ont
été faites pendant le séjour aux eaux. Guersent n'é-
tait pas éloigné d'attribuer l'efficacité des eaux précisément à leur action lente et insensible, cette médication ayant pour effet, en agissant doucement et
graduellement, d'accommoder la thérapeutique à la
chronicité des maladies.

CHAPITRE V.

ARTICLE 1er.

Loin de la source. — Eau transportée.

On peut boire en tout temps, loin de la source, les
eaux de Cauterets transportées. Celles de César et de
la Raillère sont les seules qui servent à l'exportation
et ce sont, en effet, celles qui se conservent le mieux.
Cependant, elles éprouvent dans le transport un certain degré d'altération qui ne tient point à leur nature particulière, mais qu'elles partagent avec les
autres eaux sulfureuses et qui dépend de l'action de
l'air qui s'y trouve en dissolution. L'altération due à
cette cause est toutefois faible et cesse bientôt. Il en
est une plus considérable qui provient de la quantité
plus ou moins grande d'air que, par des procédés
défectueux ou par défaut de soin, on laisse exister
entre le bouchon et l'eau; mais il serait facile d'y

remédier en apportant plus de soin à l'embouteillage. M. Filhol a prouvé, par les essais les plus minutieux, que toutes les eaux sulfureuses des Pyrénées supportent également bien le transport, quand elles ont été mises en bouteilles avec un soin convenable. Nous recommandons, en outre, aux malades qui se font expédier ou qui emportent de nos eaux, de préférer les plus petits contenants, qui permettent de consommer la quantité en une seule fois, d'un demi-litre et surtout d'un quart de litre. Quand on ne trouve pas de ces eaux dans sa localité, il suffit, pour s'en procurer, d'écrire au fermier des eaux pour l'exportation, qui les expédie contre remboursement par la voie qu'on lui indique. La meilleure manière de les employer est de les couper avec une boisson appropriée, lait ou tisane, qu'on fait chauffer à un degré tel que, en y versant l'eau sulfureuse, celle-ci retrouve sa température naturelle.

ARTICLE 2.

Sur les lieux mêmes.

Mais cette manière limitée et incomplète d'user des eaux ne peut convenir qu'à certaines affections, qu'à certains malades incapables de se déplacer; elle peut encore être employée pour compléter ou soutenir dans l'intervalle un traitement commencé sur les lieux. C'est aux sources qu'il faut venir pour jouir de tous les avantages de leurs modes variés d'application, secondés par l'influence salutaire du déplacement et des conditions hygiéniques nouvelles qui en résultent.

§ 1. Époque du traitement.

L'époque officiellement fixée pour le traitement à Cauterets s'étend du 1er Juin au 1er Octobre. Mais bien avant ce temps et surtout long-temps après, un grand nombre de malades des environs viennent y prendre les eaux. Cependant les froids sont encore assez sensibles pendant la première quinzaine de Juin et le deviennent déjà vers la fin de Septembre; aussi le temps qui nous paraît le plus opportun est du 15 Juin au 20 Septembre, en choisissant encore, entre ces deux extrêmes, l'époque la mieux appropriée au genre d'affection pour laquelle on vient.

§ 2. Durée du traitement.

Les malades arrivent le plus souvent avec l'idée arrêtée d'avance de passer aux eaux environ un mois, ce qu'on appelle une saison, comportant de 20 à 30 bains. Mais si cette durée de traitement, déterminée plutôt par des considérations étrangères au but principal du voyage, que d'après une rigoureuse appréciation de la maladie, suffit dans bien des cas, il faut bien dire que cette manière banale de mesurer la durée de l'emploi des eaux a des inconvénients, dont le moindre est de porter les malades à accumuler les bains, les douches, à se gorger d'eau, et de produire ainsi une saturation qui oblige à suspendre le traitement et par suite à prolonger le séjour avec désavantage. En dehors de quelques cas où il faut agir avec énergie et promptitude, il est préférable de prendre les eaux à faibles doses et d'en prolonger l'usage. C'est donc au médecin seul qu'il appartient d'apprécier les indications fournies à cet égard par chaque malade et de fixer la durée du traitement.

§ 3. Modes d'administration.

Les eaux se prennent en boisson, bains, douchés, lotions, injections, gargarismes, inhalation et aspiration.

A. Boisson. — On est dans l'usage de prescrire la boisson par verres ou fractions de verre. Mais cette manière est mauvaise, attendu que l'on trouve dans les divers établissements des verres de capacité très-différente offerts indistinctement aux buveurs, qui d'ailleurs en apportent eux-mêmes de toutes les dimensions. Nous aimons mieux prescrire la boisson par fractions de litre, mais chacun n'a pas l'habitude

d'évaluer un certain nombre de centilitres et, puisque l'usage a consacré le verre comme mesure, il
serait utile et même nécessaire que l'emploi d'une
seule espèce, d'un quart de litre par exemple, fût im-
posé à tous les établissements.

La quantité par laquelle on débute et l'augmenta-
tion successive de la dose varient nécessairement
suivant la source, l'état du malade, le genre de maladie et les effets observés. Le meilleur moment
pour prendre l'eau est le matin à jeun, cependant
quand on est à deux verres, on peut la boire aussi
dans la journée, en ayant soin de le faire trois heures
au moins, ou mieux quatre heures après le dernier
repas et une heure avant le suivant. A un verre ou
au-dessous, on la prend avant ou après le bain indistinctement, ou même pendant le bain. Au-dessus
d'un verre jusqu'à deux, on partage la quantité entre
l'entrée au bain et la sortie. Ceux qui boivent, sans se
baigner, doivent mettre une demi-heure d'intervalle
au moins entre chaque prise. Au-dessus de deux
verres, on répartit la boisson, ainsi que nous l'avons
dit, entre le matin et l'après-midi.

On associe aux eaux du lait, des tisanes, des sirops,
des médicaments spéciaux, dont le but est, quand il
en est besoin, de les rendre plus agréables au goût,
quoique leur saveur ne répugne pas ordinairement,
plus facilement supportables pour l'estomac ou de

remplir des indications particulières à l'aide de ces médicaments, dont elles sont souvent un excellent véhicule.

Les malades empêchés de se rendre aux sources peuvent très-bien boire l'eau chez eux. On la leur porte dans un verre renversé sur une assiette, mais comme les sources dont on boit le plus souvent sont assez éloignées, il est mieux de se servir d'un flacon à bouchon de verre qu'on remplit exactement et qu'on enveloppe bien pour conserver à l'eau sa chaleur.

Nous ne terminerons pas ce qui a rapport à la boisson sans rappeler aux malades le conseil si souvent donné et plus souvent encore si mal suivi par eux, que les eaux sont des médicaments dont on ne peut pas impunément user sans mesure, qu'ils doivent se garder de l'entraînement qui les porte à dépasser les quantités prescrites, le plus petit excès pouvant contrarier souvent et même détruire les effets du traitement le mieux dirigé d'ailleurs; qu'ils se défient surtout des enthousiastes de telles ou telles sources, celles-ci n'étant pas applicables à tous par cela seul qu'elles sont utiles à quelques-uns.

B. Bains. — Suivant la température à laquelle on le prend, le bain est tempéré, frais ou chaud. Entre 32,00 et 36,00 C., il est tempéré; au-dessous de 32,00 C., il peut être considéré comme frais; il devient chaud quand il dépasse 36,00 C. Le premier s'emploie lorsque l'on ne demande au bain que les effets de ses principes minéralisateurs ; le bain frais sert à modifier ces effets par l'influence sédative du froid ; enfin on utilise le bain chaud, quand il convient d'ajouter à ces effets l'excitation due à la chaleur. Le bain tempéré étant d'une chaleur plus ou moins égale à celle du corps, peut être prolongé sans inconvénient, au moins le plus souvent ; il n'en est pas de même des autres dont la durée doit être moindre, celle du bain chaud surtout. Au reste, cette durée, ainsi que la température, varie nécessairement suivant la nature de la maladie, l'indication qu'on se propose de remplir, la constitution particulière des malades et ceux-ci doivent observer avec le plus grand soin les prescriptions qui leur sont faites à cet égard et qui sont telles que le médecin doit souvent même en surveiller l'exécution.

La durée règlementaire du bain est d'une heure, y compris l'entrée et la sortie. Ce n'est pas à dire que cette durée ne puisse être dépassée, s'il y a lieu, sur l'ordonnance du médecin.

Le moment le plus favorable pour le bain est la matinée, ici surtout où il faut aller le chercher plus ou moins loin. Mais comme il s'agit de bains chauds, c'est toutefois plutôt une convenance qu'une nécessité et l'on peut très-bien les prendre à toute heure de la journée, en ayant égard seulement à la répartition de ses repas. Il importe d'arriver aux établissements, quand on fait le trajet à pied, un peu avant l'heure indiquée, afin de laisser tomber l'excitation produite par la marche et d'éviter d'être en moiteur en entrant dans le bain, surtout quand on fait usage des demi-bains. Il importe encore plus, après le bain, de séjourner pendant quelque temps dans les galeries avant de s'exposer à l'air, de se garantir par des vêtements de laine et même, dans les cas où il convient de favoriser et d'entretenir la transpiration, de se faire porter en chaise fermée et de se mettre au lit en rentrant chez soi.

Il est presque inutile de dire que, pendant la durée de la menstruation, l'usage des bains doit être suspendu, tandis que la boisson peut être continuée, à moins de phénomènes particuliers qui sont appréciés par le médecin.

Dans aucun des établissements le linge n'est fourni aux baigneurs; ce sont les hôtels et les maisons particulières qui se chargent d'en pourvoir leurs locataires et de le faire porter aux sources. Ce linge ainsi tenu plus propre et tout particulièrement affecté et approprié aux personnes, est confié aux servants qui le font changer chaque fois qu'il en est besoin. Les malades qui ne prennent que des demi-bains doivent se munir d'un vêtement de laine qui garantisse la partie supérieure du corps et qu'ils doivent empêcher de laisser tremper dans l'eau du bain en le retenant sur la planche qui recouvre la baignoire.

Les bains de jambes qui complètent si heureusement les effets des autres bains et surtout des demi-bains se prennent dans l'après-midi et dans la soirée aux Espagnols, dans Cauterets même.

C. Douches. — Les effets des douches varient suivant la température, la force du choc, le volume et la direction de la colonne d'eau. Les mêmes considérations tirées de la maladie, des indications, de l'état du sujet, leur sont applicables et le malade doit se laisser conduire par les prescriptions de son médecin sur la force, le volume, la chaleur de l'eau, l'espèce et la durée de la douche.

Les injections peuvent se faire pendant toute la durée du bain.

Les douches tempérées, d'une chaleur toujours relativement plus élevée que celle du bain, doivent se prendre, pour éviter de séjourner ensuite dans une eau trop chaude, à la fin de celui-ci. Les grandes douches chaudes et les douches écossaises se prennent après le bain dans les établissements éloignés, pour éviter un second voyage dans la journée, mais, au Grand-Établissement, nous aimons mieux les prescrire à tout autre moment pour ne point fatiguer les malades. La durée des grandes douches chaudes varie entre dix et quinze minutes ; les tempérées peuvent être plus prolongées; cinq minutes suffisent pour les douches ascendantes prises à l'intérieur. Au reste, tout cela dépend des effets qu'on recherche et de la susceptibilité des malades. La douche écossaise qui impressionne si énergiquement par la sensation du froid et ajoute bientôt, à la vive stimulation due à l'eau chaude, celle produite par la réaction, doit être de courte durée au début, puis prolongée graduellement.

D. Étuves et Inhalations. — Nous n'avons pas encore d'étuves ni de salles d'inhalation à Cauterets. Quelques malades essaient de remplacer celles-ci, en allant, pendant un temps plus ou moins long, respirer les vapeurs qui remplissent la voûte de la source aux Œufs. Nous ne saurions trop leur rappeler les dangers de cette pratique. Ils sont là soumis à une très-haute température; leur corps se couvre bientôt de sueur et ils devraient mieux comprendre tous les risques qu'ils courent, en s'exposant immédiatement après à l'air froid et humide du gave, qu'ils côtoient encore pendant une partie de la route. Bon nombre de maladies graves ont été la conséquence d'une telle imprudence.

E. Aspiration. — Nous ne faisons que mentionner les deux petits cabinets d'aspiration établis au Pré. Les appareils y sont très-imparfaits et ils sont trop peu employés pour que nous puissions fournir des données de quelque valeur sur leur usage et leur efficacité.

F. Lotions et gargarismes.— Les lotions et les gargarismes peuvent se faire à toutes les heures. C'est principalement avec l'eau de la Raillère qu'on se gargarise, aussi est-ce une allée et une venue continuelles entre la buvette où l'on puise l'eau et le pavillon où on l'emploie, ce qui a lieu surtout dans la matinée. Mais c'est l'heure où l'on sort du bain et cette manière de faire expose à des refroidissements; nous aimons donc mieux conseiller à nos malades de se gargariser pendant leur bain.

ARTICLE III.

Précautions à prendre pendant l'usage des eaux.

Quoique les bains d'eaux minérales affaiblissent moins et rendent moins impressionnable que les bains d'eau simple, l'activité fonctionnelle imprimée à la peau par leur usage exige que les malades soient toujours convenablement garantis contre toutes les causes de refroidissement et contre les changements brusques de température qui surviennent, même au fort de l'été, dans les montagnes, soit après les orages, soit par les brouillards qu'amènent les vents d'Ouest. Ils doivent donc s'être munis de vêtements de demi-saison et de pardessus susceptibles d'être

ajoutés à une toilette plus légère. Les dames trouvent sur les lieux des manteaux en étoffes du pays
qui leur sont très-utiles pour aller au bain le matin,
même à la promenade le soir. Ces promenades du
soir, d'ailleurs très-salutaires, doivent pourtant être
mesurées pour leur durée sur l'état de l'atmosphère
et il convient d'être rentré de bonne heure.

Le régime doit aussi être l'objet d'une attention
particulière et pour sa quantité et pour sa qualité. Il
faut se tenir en garde contre le surcroît d'appétit que
le voyage, les conditions nouvelles de l'existence,
l'exercice, l'air pur des montagnes, l'eau elle-même
excitent et ne pas oublier (ce que nous ne saurions
trop répéter), que les eaux sont des médicaments qui
ont besoin, pour être bien supportés, convenablement
absorbés et produire leurs effets, que les organes digestifs ne soient pas fatigués par une trop copieuse
alimentation. Pour ce qui est de la qualité, le régime
est très-suffisamment varié à Cauterets pour que chacun y trouve les mets qu'il appète et digère le mieux.
Il convient de s'abstenir des légumes crus tels que sa-
lade, radis, etc., des fruits acides en exceptant les
fraises des bois, quand elles sont bien mûres, des
glaces, du café, des liqueurs fortes. Le vin est généralement passable, surtout celui du Gers, mais les
Bordelais, qui fréquentent beaucoup Cauterets, ont
établi l'usage de se faire suivre de quelque provision

des crûs de leur pays et l'on fera bien d'imiter cette pratique en s'approvisionnant au passage à Bordeaux. Les soirées, les concerts, les promenades modérées à pied, à cheval, en voiture, sont d'utiles distractions en s'entourant des précautions nécessaires; mais nous défendons absolument aux malades sérieux les courses éloignées, les ascensions, dangereuses à plus d'un titre.

CHAPITRE VI.

ARTICLE 1er.

Affections catarrhales.

S'il est un genre de maladies dans lesquelles l'efficacité des eaux de Cauterets soit incontestablement établie et consacrée par les faits les plus nombreux et les plus authentiques, c'est, sans contredit, celui des affections catarrhales, caractérisées par une hypersécrétion des muqueuses, du tégument, du tissu cellulo-séreux, avec diathèse humorale et asthénie fonctionnelle, sujettes aux récidives et à un état aigu accidentel, existant simplement ou se rattachant à un état rhumatismal, scrofuleux, herpétique.

C'est en agissant sur les produits de la sécrétion qu'elles fluidifient et dont elles facilitent ainsi l'expulsion, en imprimant aux divers appareils une activité plus grande par l'influence de la stimulation minéro-thermale sur les fonctions nutritives et plastiques, en exerçant une action spéciale sur les muqueuses à la manière des baumes et des résines, que ces eaux réussissent si bien dans le catarrhe pulmonaire, dans les dyspnées nerveuses et dans l'asthme, dans les coryza chroniques, les laryngites, laryngo-trachéites, avec ou sans granulations, les bronchites. Il faut seulement varier le mode d'application suivant les cas et les constitutions. Tantôt on associera la boisson, les bains et les douches, tantôt la boisson avec les demi-bains et les bains de jambes, tantôt on prendra la boisson seule. Dans les formes sèches, disposées aux complications phlegmasiques, la boisson mitigée et les inhalations sont particulièrement utiles.

Les stomatites, les angines chroniques, les pharyngites glanduleuses sont avantageusement traitées par les eaux de la Raillère, en boisson, en gargarismes, en bains, secondées par des cautérisations avec le nitrate d'argent, la teinture d'iode ; les embarras gastro-intestinaux, les dyspepsies, la gastrorrhée, les vomissements glaireux, les diarrhées muqueuses et bilieuses, par l'eau de Mahourat.

Les blennorrhées, le catarrhe vésical, la leucorrhée vaginale, le catarrhe utérin, se trouvent aussi bien des eaux de la Raillère, du Petit-St.-Sauveur, de Bruzaud, de Rieumizet. Ces deux dernières conviennent surtout aux maladies des voies urinaires. Les spermathorrées dépendantes d'une atonie générale sont utilement combattues par la boisson et les douches périnéales.

Nous avons dit tout le parti qu'on peut tirer, dans les ophthalmies, les otites catarrhales, des lotions et injections avec l'eau de Rieumizet et des Yeux, combinées avec les bains, les douches révulsives et les pédiluves.

Enfin, on peut rapporter aux affections catarrhales, ainsi que l'a démontré G. Astrié (1), les sueurs excessives, l'hypersécrétion folliculeuse des aisselles, des pieds, la polysarcie ou obésité, l'œdème, l'anasarque, les diverses hydropisies qui se lient si fréquemment au rhumatisme, à la scrofule, à l'herpétisme, tous états auxquels la médication thermale sulfureuse peut être appliquée avec succès. Mais il faut exclure avec soin de ce cadre les hydropisies qui dépendent d'une lésion organique du cœur, des reins, des poumons, d'une lésion mécanique de la circulation, d'une phlegmasie aiguë des séreuses, auxquelles les eaux sulfureuses ne sauraient être appliquées et seraient même nuisibles.

ARTICLE II.

Phthisie pulmonaire.

La curabilité de la phthisie pulmonaire a été long-

(1) *De la médioation thermale sulfureuse appliquée.* Thèses de Paris, 1852.

temps et est encore par quelques-uns regardée comme douteuse. Des exemples de guérison avaient été cependant déjà rapportés par les auteurs les plus recommandables, mais ne pouvant s'appuyer sur les signes précieux acquis depuis par la percussion et l'auscultation, ces cas de guérison étaient considérés comme devant appartenir à d'autres affections chroniques et profondes du poumon qui laissent encore des chances de guérir. Les observations recueillies par Laënnec et les faits plus récents rapportés par MM. Andral, Rogée, Boudet et Hughes Bennett, prouvent que la phthisie, loin d'être une maladie fatalement mortelle, peut se terminer d'une manière favorable, à une époque assez avancée de son cours, comme l'attestent les cicatrices, les concrétions qu'ils ont trouvées. MM. Hirtz et Fournet pensent, au contraire, que le moment le plus propice est le début.

Les exemples de terminaison heureuse se sont accrus dans ces dernières années par l'application de nouveaux moyens de traitement et les nombreux modes de guérison admis par E. Boudet ne peuvent que confirmer l'espoir de les voir encore s'augmenter. L'on s'accorde donc assez généralement aujourd'hui à admettre que, quoique ayant à son début de la tendance à faire des progrès, le tubercule peut être fréquemment maintenu à l'état stationnaire et quelquefois complètement arrêté, ou que, lorsqu'il s'est transformé et que ses produits ont été éliminés, la nature convenablement secondée peut réussir à réparer les désordres laissés par sa présence.

Exposons maintenant la part que les eaux sulfureuses peuvent avoir dans ces résultats heureux.

Quelques-uns disent que, par elles, la guérison est la règle et l'insuccès l'exception. Cette proposition nous semble fort exagérée et nous sommes loin de l'adopter. Ce qui nous paraît bien justifié, à cet égard, par une observation raisonnée et non par une appréciation systématique, c'est que les eaux sulfureuses améliorent souvent, en modifiant profondément les conditions organiques qui préparent et activent l'évolution tuberculeuse, en immobilisant le tubercule ; guérissent quelquefois en rendant ce temps d'arrêt définitif ou en concourant au travail propre à effectuer l'un ou l'autre des divers modes de guérison signalés ci-dessus. Ces propriétés ne sauraient être contestées aux eaux de la Raillère ; de nombreux exemples de leur efficacité sont enregistrés chaque année et la fréquentation croissante de cette source atteste ses précieux effets.

Quelques distinctions sont toutefois nécessaires. Ces distinctions sont relatives aux diverses formes de la maladie, aux modifications imprimées à sa marche par le tempérament et la constitution du malade et au degré auquel elle est parvenue.

Ces eaux sont éminemment utiles dans la première période de l'affection, alors que le tubercule n'est qu'à l'état cru, quand les sujets atteints sont dans les conditions anémiques qui accompagnent si souvent l'existence de la matière morbide ou en favorisent la production et les transformations. C'est en réveillant dans une mesure convenable l'activité languissante de toutes les fonctions, par leur action directe sur la digestion et la nutrition, par leur action réflexe sur les sécrétions urinaire et cutanée, qu'elles signalent leur utilité dans ces circonstances. Par une meilleure élaboration des sucs réparateurs, une émonction plus parfaite, l'accomplissement plus facile et plus régulier de la locomotion, de la menstruation, etc., elles détournent des poumons les mouvements fluxionnaires et favorisent l'état stationnaire, l'immobilisation du tubercule. A plus forte raison, conviennent-elles aux sujets placés dans ces mauvaises conditions constitutionnelles, avant que le tubercule ait manifesté sa présence, quand on ne fait que la soupçonner ou la redouter par les apparences et les antécédents héréditaires.

A une époque plus avancée, on peut encore avantageusement recourir à ces eaux, quand la maladie existe chez un sujet mou, lymphatique, peu excitable et s'accompagne de fluxions catarrhales abondantes, d'amaigrissement, de faiblesse, de troubles digestifs, de sueurs. Par leurs effets généraux et par leur action élective sur le tissu pulmonaire et la muqueuse des bronches, elles produisent un effet hypercrinique, souvent un flux critique qui paraît débarrasser l'organisme de la surcharge humorale ; les téguments et la muqueuse pulmonaire éprouvent une activité fonctionnelle qui donne lieu à une dépuration favorable, l'innervation acquiert une force de résistance qui diminue l'impressionnabilité de la peau. Celle-ci raffermie contre les influences atmosphériques exerce une émonction continue et prévient ainsi les fluxions internes qui n'y suppléent qu'avec danger. Enfin, par son action spécifique, l'agent hydrosulfureux détermine la résolution des produits phlegmasiques qui enveloppent la masse tuberculeuse et fait qu'il ne reste plus dans les poumons, ainsi que l'attestent les signes stéthoscopiques recueillis alors, que des tubercules disséminés, rendus immobiles ou bien passés à l'état crétacé, dès-lors compatibles avec les exigences de la santé ; ou bien encore, ces tubercules sont ramollis, lentement évacués et les excavations qui en résultent se cicatrisent ou se comblent.

Ces heureux résultats sont plus fréquemment qu'on ne pense obtenus de l'usage de nos eaux, sagement et attentivement administrées, mais c'est à la condition qu'on n'ait pas attendu, pour les y conduire, que les malades soient dans un état de marasme, de colliquation et de dépérissement tel, qu'il n'y ait plus de force réactionnelle possible, d'innervation à mettre en jeu et que les eaux n'aient plus, suivant la juste expression de G. Astrié, qu'à noyer le peu de vie qui leur reste.

Dans les formes de phthisie qui atteignent les individus sanguins, à mouvements fluxionnaires faciles et prompts qu'accompagne l'état inflammatoire, disposés aux phlegmasies pulmonaires, les eaux ne peuvent être que nuisibles ; elles ne servent qu'à favoriser, qu'à augmenter ces dispositions fâcheuses et il faut s'en abstenir.

Mais elles peuvent être encore très-utiles à l'espèce de tuberculisation propre à certaines constitutions délicates et nerveuses et que caractérisent une toux sèche, une irritation habituelle, une exhalation sanguine fréquente. Seulement elles commandent alors dans leur emploi la plus grande prudence et les plus grands ménagements. On conçoit combien facilement une dose un peu trop forte ou prise en temps inopportun peut provoquer la congestion pulmonaire habituelle ou imminente et l'hémorrhagie qui en est la conséquence, tandis qu'une dose faible, encore mitigée par l'addition du lait, d'une boisson adoucissante, secondée par l'action dérivative des demi-bains et des bains de jambes, peut détourner les mouvements fluxionnaires en les portant à la peau, régulariser l'innervation et augmenter la résistance de tout l'organisme.

Cette forme se montre assez fréquemment à Cauterets et nous sommes assez heureux pour voir les personnes qui la présentent, supporter presque toujours leur traitement sans accidents, ce qui dépend à la fois des précautions et des modes employés dans l'administration des eaux, de la proportion de principe sulfureux qu'elles renferment, de la quantité de substances alcalines et de matière organique qui y sont contenues. C'est à cette forme que G. Astrié conseille d'appliquer surtout le mode inhalatoire, qui joint, à l'action émolliente de la vapeur d'eau sur la muqueuse bronchique, l'effet sédatif et hyposthénisant de l'hydrogène sulfuré.

La tuberculisation pulmonaire se trouve fréquemment liée à une diathèse herpétique dont les manifestations, contrariées par une disposition organique ou des conditions hygiéniques particulières, n'ont pu se produire à l'extérieur. M. le Dr Barret, de Carpentras, qui a écrit un livre d'une grande valeur sur les besoins morbides de l'organisme, a constaté que, dans les familles où les deux diathèses tuberculeuse et herpétique sont héréditaires, les enfants qui présentent des manifestations de celle-ci échappent à celle-là. On comprend combien les eaux sulfureuses peuvent être utiles en pareil cas, surtout employées de bonne heure, par l'activité qu'elles impriment à la peau et les poussées qu'elles y déterminent.

ARTICLE III.

Affections rhumatismales.

Cette dénomination s'applique à des formes très-variées. Tantôt, en effet, le rhumatisme affecte une ou plusieurs articulations, tantôt un tronc nerveux, un ou plusieurs muscles, un organe intérieur; parfois il envahit tout le système nerveux, d'où certains tremblements comme la chorée que M. Sée a démontrée être l'expression nerveuse d'une affection rhumatismale, les paralysies dites rhumatismales; d'autres fois enfin il occupe la peau et les muqueuses. Ses formes variées, sa nature habituellement chronique, sa tendance à passer à cet état quand il a débuté par l'acuité, sa spontanéité, sa mobilité, font du rhumatisme une affection constitutionnelle diathésique, souvent héréditaire, caractérisée par la pléthore séreuse, l'asthénie des appareils excréteurs cutané et muqueux, l'atonie nerveuse, le défaut de résistance vitale régulière et l'impressionnabilité vive de la peau à l'influence du froid et du chaud sans tendance réactionnelle immédiate et suffisante. (1).

On conçoit dès-lors tout ce qu'on peut attendre,

____

(1). G. Astrié. Loc. cit. page 174.

dans ces divers états, de l'usage des eaux sulfureuses qui, en même temps qu'elles stimulent l'organisme tout entier et lui impriment une plus grande force de résistance contre les agents extérieurs, ont par leur calorique naturel et par leur principe minéralisateur, le soufre, des propriétés spécialement sudorifiques.

Nous possédons à Cauterets des sources d'une haute température; moins riches sans doute en principe sulfureux que Barèges et Luchon, mais suffisamment pourvues toutefois de ce principe pour remplir les principales indications fournies par la diathèse rhumatismale et nous trouvons de plus, dans nos autres sources plus faibles, plus tempérées et plus douces, les eaux qui conviennent exclusivement aux tempéraments nerveux, irritables, aux formes aiguës et subaiguës. Nous réservons les plus fortes et les plus chaudes pour les constitutions molles, lymphatiques, pour les formes fixes et stationnaires, les rhumatismes chroniques, fibreux, musculaires et articulaires.

Les névralgies tant internes qu'externes, les coxalgies, les arthrites vertébrales, les fausses ankyloses, les rétractions musculaires, certains flux, trouvent dans ces eaux de grandes ressources quand leur dépendance d'un état rhumatismal diathésique est parfaitement établie et reconnue.

ARTICLE 4.

Affections scrofuleuses.

La scrofule, autre affection constitutionnelle, souvent héréditaire, parfois acquise, attribut du tempérament lymphatique, dans le premier cas, s'implan-
tant, dans le second, sur tous les autres par suite de
conditions hygiéniques favorables à sa production,
se trouve également bien de l'usage des eaux sulfureuses, soit qu'elle ne se traduise encore que par
l'ensemble des caractères et des dispositions morbides propres au lymphatisme, sans lésions spéciales
bien apparentes, soit qu'elle se dessine par une lésion
isolée ou plusieurs altérations non douteuses sur le
même sujet, soit enfin qu'elle se signale par les symp-
tômes graves et multipliés dus à une altération profonde de la constitution. Cauterets a pour tous ces
degrés les ressources les plus variées, soit qu'on s'a-
dresse aux vertus, on peut dire populaires, de César,
de Pauze, du Pré, soit que des indications particulières fassent préférer la Raillère, le Petit-St.-Sauveur
ou le Bois.

Rien ne peut paraître exagéré dans cette assertion,
quand on se rappelle l'action de nos eaux. L'activité
suscitée par elles dans tout l'organisme et l'heureux
équilibre qui s'établit, sous leur influence, entre les
divers éléments de celui-ci, par une régularité plus

parfaite et plus soutenue des actes digestifs, par une meilleure élaboration des sucs nutritifs, par une hématose plus complète, par des dépurations plus abondantes, ne peuvent, en effet, que favoriser la déplétion lymphatique ou humorale et effectuer la reconstitution, à laquelle concourent en même temps le régime, l'exercice, l'air pur et aromatique des montagnes.

C'est en modifiant aussi profondément l'organisme que ces eaux réussissent; il convient donc d'y recourir de bonne heure, dans l'enfance surtout qui se prête si bien aux transformations de la matière et d'insister sur des traitements prolongés et répétés, car il ne faut pas s'attendre à des résultats immédiats, mais bien compter sur des effets consécutifs, dans une affection aussi foncièrement constitutionnelle.

Les manifestations extérieures de la maladie se ressentent évidemment de cette action générale, mais quelques-unes de nos sources ont aussi des propriétés éminemment résolutives, détersives et éliminatrices, qui les modifient encore directement et très-efficacement.

Les toniques, les amers, les ferrugineux, les préparations iodées tant internes qu'externes, s'associent avantageusement à la médication thermo-sulfureuse et les bains de mer alternent utilement avec elle.

ARTICLE 5.

Affections dartreuses.

Quelque séduisantes que soient, quelque satisfaisantes que paraissent, au point de vue anatomique, les diverses classifications adoptées aujourd'hui pour les maladies de la peau, il n'en est pas moins vrai que, parmi ces maladies, quelques-unes se présentent avec des caractères généraux qui, malgré leurs expressions particulières différentes, les rapprochent tellement par leur marche, leurs transformations, leur alternance avec d'autres affections de nature en apparence diverse, par les conditions de leur développement, qu'il est impossible de ne pas les rapporter à une même disposition pathogénique de l'organisme. Telles sont celles qui, le plus souvent héréditaires, quoique pouvant naître aussi sous l'empire de toute autre cause, constituent la diathèse dartreuse ou herpétique dont les manifestations ne se montrent pas seulement à la peau, tégument externe, mais encore sur les muqueuses, tégument interne, ainsi que l'admettait la médecine ancienne, sur les nerfs, comme le professe M. Chomel, sur les articulations, comme l'a observé M. N. Guéneau de Mussy (1).

Les eaux sulfureuses sont très-avantageusement applicables à toutes les affections de ce genre, non-

______

(1) *Traité de l'angine glanduleuse*. Introduction, p. XXIX.

seulement par les modifications que leurs modes d'application extérieure impriment aux fonctions de la peau, mais encore par l'action toute spéciale de leurs principaux éléments minéralisateurs.

Parmi ces affections, les diverses variétés de l'eczéma et de l'impétigo sont celles auxquelles nos eaux conviennent le mieux. La température de ces eaux déjà naturellement variée et pouvant d'ailleurs être modifiée à volonté, leur richesse différente en principes sulfurés, alcalins, l'abondance de leur matière organique, permettent de les appliquer à toutes les formes, à tous les tempéraments. Par une mesure attentive de la boisson, de la thermalité et des modes balnéaires, on satisfait aisément aux indications tirées de la forme, de l'ancienneté, de l'intensité des éruptions et aux exigences des dispositions individuelles. Mais il ne faut pas oublier que l'on a affaire ici à des affections le plus souvent constitutionnelles et que, pour réussir, on a besoin de traitements proportionnés par leur durée ou leur répétition à la marche lente de ces affections. D'autre part, il faut tenir grandement compte de l'âge et des susceptibilités organiques internes; les enfants et les vieillards ne sauraient être toujours sans danger débarrassés de leurs dartres, et nous avons vu, à l'article phthisie, qu'il fallait quelquefois non-seulement les respecter, mais encore chercher à les produire.

Dans les cas de complications scrofuleuses., scorbutiques ou syphilitiques, on associe très-heureusement aux eaux les modificateurs généraux appropriés à ces divers états.

Ces eaux sont encore très-utiles contre l'acné rosacea, la mentagre, les affections psoriques, les teignes, le porrigo., l'herpès tonsurant, le lupus., soit par l'action spécifique de leur principe minéralisateur sur les causes prochaines de ces affections (animaux ou végétaux parasites), soit par leurs effets généraux sur l'état diathésique qui accompagne si souvent ces maladies et en facilite la production. Mais n'oublions pas encore que ces affections ont une grande ténacité et exigent des retours répétés aux eaux.

Le prurigo de l'anus et des parties génitales, quoique aussi rebelle, nous fournit de beaux succès.

Les lichens et les pityriasis, exigeant aussi, par leur ancienneté ou dans quelques-unes de leurs formes, des traitements prolongés et réitérés, sont encore avantageusement traités. Mais le psoriasis inveterata est en général rebelle; le guttata et le diffusa le sont moins. Il en est de même de l'ichtyose suivant qu'elle est congénitale ou acquise.

Nos eaux ont une efficacité très-marquée contre les maladies dartreuses chroniques des paupières, du pavillon et du conduit de l'oreille, de l'entrée des narines et de la muqueuse oculo-nasale.

Les nombreux malades qui encombrent le pavillon de la Raillère attestent l'action grandement curative de l'eau de cette source dans la pharyngite et la laryngite granuleuses qui se lient si souvent à l'herpétisme.

Dans une foule d'autres affections siégeant sur divers points des muqueuses gastro-intestinale, pulmonaire, génito-urinaire, telles que stomatites, vomissements, diarrhées, constipations, gastralgies, entéralgies, bronchites, divers états du col de l'utérus et du vagin, de la vessie et de l'urètre, qui sont, plus fréquemment qu'on ne le croit, sous la dépendance de la diathèse herpétique et en connexion positive avec elle, les eaux sulfureuses ont encore une grande efficacité, soit qu'elles agissent directement sur l'organe affecté, soit qu'elles opèrent en rappelant à la peau, pour les faire ensuite disparaître définitivement, les manifestations de cette diathèse.

Il en est de même de certaines névralgies que, d'après M. Chomel, nous avons dites se rattacher à l'herpétisme et guérir par les sulfureux.

ARTICLE 6.

Anémie, Chlorose.

L'anémie, quelle qu'en soit la cause, qu'elle dépende d'un défaut d'air et de soleil, d'une nourriture insuffisante ou de mauvaise nature, qu'elle se montre

pendant le cours d'une affection chronique, ou succède à une maladie aiguë prolongée, qu'elle soit due à
des pertes de sang considérables ou répétées, est sou-
verainement combattue par les eaux de Cauterets.
Que de malades nous y voyons arriver, chaque année,
pâles, amaigris, languissants, bouffis, œdématiés,
sans appétit, que la marche fatigue, essouffle et met
en sueur, tourmentés par des pertes passives, par
une innervation déréglée ou pervertie, et qui bientôt
sont ranimés par l'usage de nos eaux dont l'air pur,
vif, aromatique des montagnes, l'exercice gradué
et proportionné aux forces renaissantes secondent
puissamment l'action.

Ces eaux assurent et complètent les effets des ferrugineux que ces malades ont souvent pris avant de
venir et quand il est besoin de les continuer, elles les
font très-bien supporter.

La chlorose, autre maladie du sang, si elle n'est
pas absolument la même que l'anémie, comme on serait porté à l'admettre d'après MM. Andral et Blaud,
retire les mêmes avantages de nos eaux qui, pour ces
deux états, comme pour toutes les autres affections,
offrent, dans leur différence de sulfuration, d'alcalinité, de température et d'onctuosité, une gamme
merveilleusement applicable à toutes les susceptibilités individuelles, à toutes les nuances morbides.

ARTICLE 7.

Affections syphilitiques.

Nous n'avons pas la prétention de dire que les eaux sulfureuses guérissent la syphilis, en ce sens qu'elles puissent être substituées aux moyens ordinaires de traitement. Mais on ne saurait contester les services immenses qu'elles rendent tous les jours aux malades atteints d'affections très-variées qui se rattachent de près ou de loin au virus syphilitique.

Combien d'entre eux, endormis dans une fausse sécurité par des traitements insuffisants, par une forme en apparence bénigne qui avait fait négliger tout remède spécifique, viennent demander aux eaux la guérison de certains troubles, attribués par eux à toute autre cause, et voient apparaître, sous leur influence, soit aux points primitivement affectés, soit à la peau ou ailleurs, des écoulements, des ulcérations, des éruptions caractéristiques, qui éclairent sur la cause du mal, sur l'insuffisance des traitements antérieurs, sur la nécessité de nouveaux traitements et qui, alors rationnellement combattus par les remèdes appropriés, disparaissent avec tous les troubles consécutifs. Combien d'autres, en proie à tous les accidents de l'intoxication mercurielle, suites de traitements mal faits, trop prolongés, trouvent dans ces eaux les éléments les plus propres à la dissolution au sein des tissus, puis à l'élimination par les sueurs et les urines, de l'agent délétère.

En effet, il résulte des expériences de G. Astrié, que les hyposulfite et sulfite de soude, comme le sulfure de sodium, exercent une action fluidifiante sur les matières mucoïdes et albuminoïdes; éclaircissent et fluidifient le sang, tout en conservant les formes et les propriétés de ses globules; dissolvent, dans l'albumine de l'œuf et dans le sang, le précipité albumino-mercuriel que tend à former le deutochlorure de mercure dans l'intoxication mercurielle et le précipité albumino-plombique dû aux sels de plomb dans l'intoxication saturnine. Il se forme, dans ces cas, par suite des réactions ci-dessus énoncées, opérées par l'hyposulfite et le sulfite de soude, des composés albumineux sulfuro-hydrargirique et sulfuro-plombique devenus très-solubles et partant d'une élimination très-facile (1).

Des résultats de ces expériences découlent tout naturellement les bons effets des eaux sulfureuses contre les accidents de la saturation mercurielle dus à l'emploi prolongé des mercuriaux dans la syphilis ou à l'inspiration des vapeurs mercurielles inhérente à certaines professions, et contre ceux de l'intoxication plombique. Par eux on se rend facilement compte de l'absence des accidents mercuriels que l'on con-

(1) G. Astrié. Loc. cit. page 230 et suivantes.

state chez les malades soumis à un traitement spécifique de la syphilis, pendant l'administration des eaux sulfureuses.

Or, nous avons vu, d'après M. Filhol, que l'hyposulfite et le sulfite de soude existent en abondance dans les eaux de Cauterets ; leur utilité dans les cas mentionnés ci-dessus ne saurait donc être douteuse. Comme ce savant Professeur pense, avec raison, qu'une eau qui renferme ces sels tout formés est préférable à celle qui contient un sulfure, dont la transformation en sulfite dans l'économie constitue une cause d'amoindrissement de l'hématose qu'il peut être important d'éviter (1), c'est pour nous un motif de plus de souhaiter qu'on conserve la manière dont nos sources sont captées et conduites.

Dans les altérations si graves qui caractérisent la cachexie syphilitique, alors que l'altérant mercuriel ne suffit plus, que l'iodure de potassium l'a remplacé et qu'il existe une anémie profonde, un affaiblissement fonctionnel, suite de l'action prolongée du virus syphilitique, nos eaux ont encore le grand avantage de réveiller et d'activer les fonctions nutritives et dépuratoires et de pouvoir, par la reconstitution de l'organisme, résoudre les tumeurs, déterger les ulcères, arrêter les caries, éliminer les séquestres, fermer les trajets fistuleux en tarissant leurs sources, etc.

(1) M. Filhol. loc. cit. p. 286.

6

Enfin, la syphilis a des complications dartreuses, scrofuleuses et rhumatismales qui exigent encore et justifient le concours efficace qu'elle emprunte à ces eaux (1).

ARTICLE 8.

Cachexie paludéenne.

C'est encore en provoquant les excrétions cutanée et urinaire, en activant les fonctions générales et surtout les actes digestifs, que les eaux sulfureuses peuvent être avantageuses aux malades épuisés par l'intoxication paludéenne et redonner à l'économie le ton nécessaire à l'action définitive de l'altérant spécial, le quinquina. Mais elles sont principalement efficaces dans les cas où le tempérament lymphatique prédomine et dans ceux où il existe quelques complications dartreuses, scrofuleuses, rhumatismales, tuberculeuses ou syphilitiques.

ARTICLE 9.

Cachexie goutteuse.

La diathèse goutteuse, régulièrement constituée par la gravelle et l'arthrite, se traduisant secondairement par l'asthme, les migraines, les névralgies, les

(1) C'est pour ne pas répéter les expériences rapportées plus haut que nous avons réuni à l'article *syphilis*, ce qui a trait à l'utilité des eaux sulfureuses dans les accidents de l'intoxication plombique.

hémorrhoïdes, peut-elle être avantageusement trai-
tée par les eaux sulfureuses ?

M. Camus pense que ces eaux ne peuvent pas être
utiles quand la diathèse est établie et que la phlogose
est sa compagne, mais qu'elles sont profitables aux
individus nés de parents goutteux, disposés à ces
sortes d'affections, en ralentissant leur formation,
en faisant avorter cette disposition de leurs organes
à des inflammations locales et passagères, aux pro-
ductions terreuses, en évacuant par les sueurs et les
urines le résultat de nutritions mal faites, lorsque ces
congestions calcaires sont favorisées par l'asthénie
gastrique (1). M. Dupré, professeur à l'école de Mont-
pellier, traitait les goutteux avec succès à Cauterets.
M. Lafore regardait les Eaux-Chaudes comme pouvant guérir ou du moins considérablement soulager
la goutte. Nos propres essais, au milieu de quelques
succès, nous ont aussi donné des revers qui nous
rendent très-circonspect dans la solution de cette
question.

Nous croyons toutefois que la médication sulfuro-
alcaline peut être de quelque utilité, en activant les
dépurations cutanées et urinaires et en rétablissant
les fonctions digestives, que, pouvant être long-
temps administrée et supportée, elle favorise la dissolution des produits de la diathèse goutteuse. Nous

(1) Loc. cit. page 165.

avons vu, d'autre part, qu'elle soulage et régularise les manifestations secondaires de cette diathèse. Mais la plus grande prudence doit présider à son emploi et il faut s'en abstenir dans la forme aiguë et surtout, comme le recommandait Anglada, pendant que la fluxion goutteuse se prépare ou tant qu'elle jouit d'une certaine mobilité, tandis qu'elle doit être employée avec énergie, pour rétablir la régularité dans les gouttes devenues atoniques et anormales par des traitements perturbateurs ou inopportuns, donnant lieu à des troubles fonctionnels internes des plus sérieux.

Sous forme de douches, elle favorise la résolution des épanchements dus à la goutte, débarrasse les articulations et rend leur liberté, ou au moins une partie de leurs mouvements, aux membres affectés.

ARTICLE 10.

Affections nerveuses.

Les maladies nerveuses sont très-nombreuses et très-variées ; on le conçoit facilement quand on considère les fonctions complexes dévolues au système nerveux. Tantôt elles se traduisent par une douleur disséminée par points circonscrits sur le trajet d'un nerf, *névralgies*, tantôt elles occupent, sous des formes très-variées, les centres nerveux et leurs enveloppes, *encéphale*, *moelle épinière*, tantôt enfin elles consistent en des états jusqu'ici mal définis, sans lésion bien déterminée, sans siége exactement établi, au moins pour la plupart, *névroses*.

Ces affections se présentent en foule à nos eaux, mais avec des conditions de succès très-diverses que nous allons essayer de préciser. C'est en se plaçant, pour cette appréciation, moins au point de vue de la localisation anatomique ou fonctionnelle qu'à celui des influences diathésiques, que l'on peut arriver à des données utiles. Nous avons vu, en effet, que les maladies nerveuses accompagnent souvent la cache-xie humorale, les diverses intoxications, les altéra-tions du sang ; qu'elles se lient fréquemment aux rhu-matismes et aux dartres et l'on pressent dès-lors toute l'utilité du traitement sulfuro-thermal dans ces asso-ciations ; leur indication y est précise.

Le tempérament lymphatique, la constitution scro-fuleuse assurent aussi, dans ces cas, le succès de nos eaux, qui conviennent encore aux névroses pures par atonie, par asthénie. Cependant, dans celles-ci, il faut toujours tenir compte de l'éréthisme que l'on rencontre si habituellement dans l'état asthénique et il convient de s'adresser de préférence aux sources faibles, dégénérées, peu sulfureuses de Rieumizet, de Bruzaud, du Petit-St.-Sauveur, du Bois.

A plus forte raison , doit-on se borner à celles-ci et

même n'y recourir encore qu'en tâtonnant et avec la plus grande prudence , dans les névroses par hypersthénie , avec pléthore et congestion nerveuse, comme l'hystérie, l'épilepsie, les convulsions. Elles n'offrent quelques chances d'utilité dans ces formes que lorsqu'on a préalablement abattu la suractivité nerveuse par les moyens appropriés, que l'on trouve plutôt encore dans l'hygiène que dans la pharmacie.

Dans l'asthme, les eaux de César, de Mahourat sont utiles, combinées avec les demi-bains, les bains de jambes et les inhalations, parfois avec les grandes douches chaudes.

Les douches dirigées sur le trajet des nerfs douloureux font souvent céder les névralgies les plus opiniâtres, fixées à la tête, sur les membres et sur le tronc ; la nature souvent dartreuse et rhumatismale de ces névralgies est une garantie de plus de succès.

Il est de précepte rigoureux de s'abstenir des eaux dans les paralysies, suites d'apoplexies cérébrales ; on peut y recourir, mais à une époque éloignée des accidents primitifs, dans celles qui dépendent d'une affection de la moelle, telle qu'une lésion traumatique, la paraplégie nerveuse ou idiopathique, la congestion sanguine, l'hémorrhagie, l'inflammation chronique du tissu nerveux, surtout de nature rhumatismale. Il n'y a rien à espérer des eaux dans le ramollissement, l'hypertrophie ou l'induration de l'organe, dans l'état tuberculeux ou cancéreux de la moelle, dans les hydatides et les kystes hydatoïdes, états, du reste, d'un diagnostic encore fort obscur. Au contraire, les paralysies, dites partielles, surtout quand elles sont récentes et plus encore quand elles se lient aux rhumatismes, aux cachexies, aux intoxications saturnines, peuvent être traitées avec assurance et succès par les eaux.

Les gastralgies, les entéralgies ont, pour ainsi dire, leur spécifique dans la source de Mahourat.

Les palpitations et autres névroses dépendantes d'une lésion du cœur et des gros vaisseaux doivent être écartées du traitement sulfuro-thermal. Mais elles constituent souvent des états purement nerveux, dus aux veilles, aux excès, compliquant la chlorose, l'anémie, etc.; dans ces cas, les eaux peuvent être très-utiles.

Nous avons déjà dit tout le parti qu'on en peut tirer dans la chorée, si souvent expression de la diathèse rhumatismale.

ARTICLE 11.

Phlégmasies et hyperémies chroniques.

Dans toutes les phlegmasies, quel que soit l'organe lésé, il est de précepte rigoureux de s'abstenir du traitement thermo-sulfureux, tout le temps que l'état

inflammatoire persiste, ou qu'il existe quelque disposition au retour de cet état. Mais dans un grand nombre
de cas, la résolution ne s'opère pas d'une manière
complète et, alors même que tout travail inflammatoire a cessé, il reste encore souvent, dans les tissus
qui en ont été le siége, des altérations, causes de
troubles fonctionnels.

Les eaux faibles, onctueuses, tempérées de Rieumizet, de Bruzaud, du Petit-St.-Sauveur et du Bois,
quelques-autres un peu plus fortes, mais douées de
propriétés particulières, comme la Raillère, peuvent
être très-avantageusement employées dans ces cas.
Il faut seulement avoir soin de diriger le traitement
avec les ménagements que commande la tendance à
des retours vers l'état aigu, tendance que l'on peut
faire ainsi tourner au profit des malades, puisque,
habilement conduite, elle rend toutes les chances de
compléter la résolution.

Au point de vue de l'utilité de la médication thermale sulfureuse appliquée aux hyperémies, nous ne
considèrerons, à l'exemple de G. Astrié, que celles
qui sont passives, asthéniques et chroniques, comme
étant les seules qui puissent utilement recourir à cette
médication. État de pléthore humorale, affaiblissement de l'innervation viscérale, avec diminution de
tonicité des vaisseaux capillaires, telles sont les conditions essentielles de ces états congestifs si fréquents

dans le cerveau et la moelle épinière, les poumons, le foie, la rate, les reins, la vessie, l'utérus, le rectum et que caractérisent la faiblesse, le dépérissement, la dyspepsie, la constipation habituelle, la mobilité nerveuse, l'impressionnabilité de la peau, la tension, la pesanteur vers l'organe hyperémié, parfois avec élancements, mais sans douleur à la pression et sans fièvre.

Ces hyperémies ont encore souvent pour expression la dyspnée, les palpitations; la dysménorrhée, la leucorrhée, les déviations utérines et par suite la stérilité; des névralgies, des paralysies plus ou moins complètes; des étourdissements, des aberrations mentales; des hémorrhoïdes avec toutes les conséquences de l'abondance ou de la suppression de leur écoulement.

Ce que nous avons dit de l'action de nos eaux, de leur diversité, des propriétés spéciales de plusieurs de nos sources, suffit pour faire apprécier les heureuses modifications qu'elles peuvent apporter à ces divers états et les guérisons qui sont dues à leur emploi sagement combiné et long-temps soutenu.

ARTICLE 12.

Affections chirurgicales.

Les affections chirurgicales sont moins fréquem-

6*

ment traitées à Cauterets qu'à certaines autres stations thermales, qu'à Barèges surtout. Nous avons cependant des sources qui jouissent d'une grande efficacité et d'une certaine renommée pour beaucoup d'entre elles, notamment pour celles qui sont produites ou entretenues par le tempérament lymphatique, la constitution scrofuleuse, la diathèse rhumatismale.

Chaque année Rieumizet, les deux Pauze, le Pré, le Bois enregistrent des cures merveilleuses, opérées sur des sujets affectés de ganglions engorgés ou suppurés ; d'ulcères variqueux, calleux, fistuleux, avec maladies des os et des articulations, telles que carie, nécrose, tumeurs blanches ; d'engorgements articulaires, suites d'entorses, de luxations, de coxalgies ; de rétractions rhumatismales, d'atrophies musculaires, de rigidité des membres, résultats de rhumatismes, de fractures, d'immobilité prolongée.

Nos autres sources plus fortes et plus actives sont très-avantageusement utilisées contre les fausses ankyloses dues à de vieilles arthrites, à d'anciennes névralgies, à une longue inaction, contre les tumeurs de diverse nature, les luxations anciennes, les douleurs et gênes de mouvements, conséquences de ces déplacements, de fractures mal réduites, de cals volumineux, etc., etc.

CHAPITRE VII.

A la suite de l'exposé des divers modes d'administration des eaux, nous avons fait connaître les précautions hygiéniques auxquelles les malades doivent scrupuleusement s'astreindre pendant la durée de leur traitement; nous allons compléter ce paragraphe par quelques considérations sur les avantages d'un exercice mesuré et sur les ressources que Cauterets possède dans ce genre.

Quoique les faits empruntés à la médecine vétérinaire, et notamment ceux qui, tous les ans, se passent sous nos yeux à propos des chevaux du haras de Tarbes traités à la Raillère, attestent que l'on peut guérir par le seul bienfait des eaux; quoique des malades, obligés par leur état à garder le repos pendant tout leur séjour à Cauterets, n'en ressentent pas moins les bons effets, on ne peut nier cependant le concours salutaire que leur prêtent l'air pur des montagnes, la placidité de l'atmosphère, l'odeur aromatique des prairies, les émanations balsamiques des forêts de sapins, les eaux fraîches et heurtées qui coulent de toutes parts. On comprend tout ce qu'un exercice modéré, pris dans de telles conditions et sous d'aussi vivifiantes influences, peut ajouter à l'action propre des eaux.

L'exercice à pied est celui qui convient à la pluralité des malades. Déjà ils trouvent, dans le trajet à faire pour se rendre aux divers établissements qui leur sont affectés, une occasion efficace et motivée de s'y livrer ; les omnibus et les chaises à porteurs leur permettent, quand il le faut, de s'en épargner une partie. Dans le milieu du jour, la longue allée du parc et ses nombreuses touffes de tilleuls et de frênes, au milieu d'herbes odoriférantes, leur offrent tour à tour une délicieuse promenade terminée par un tertre, d'où la vue embrasse mille aspects des plus variés ; le repos sur des chaises, où les heures passent vite dans des travaux d'aiguilles, dans des lectures ou dans les charmes de la société et de la conversation. D'autres suivent le chemin ombragé de Cancéru ou, traversant le gave sur le pont de la Raillère, parcourent la route horizontale qui longe le flanc de Péguère, et regagnent la ville par les zigzags en pente douce qui se terminent à l'entrée de la promenade du Mamelon-Vert.

Celle-ci est le rendez-vous général après le dîner. De création nouvelle, elle n'est pas assez abritée par les arbres, d'ailleurs tout-à-fait insuffisants, qui la bordent pour être pratiquée dans le jour. Ce n'en est pas moins une grande amélioration et une utile distraction de plus pour les baigneurs. Quoiqu'elle ait déjà un développement de plus d'un kilomètre, elle ne s'étend encore que jusqu'au mamelon qui lui a donné son nom et d'où l'œil embrasse, comme de celui du parc, une vue admirable. Les uns la parcourent dans toute son étendue et y entretiennent le mouvement le plus animé, tandis que les autres, plus nonchalants, ou comptant moins sur leurs forces, se reposent sur les chaises qu'on y trouve et là se distraient, en contemplant les montagnes dont les sommets éclairés par les derniers rayons du soleil se perdent dans le fond bleu du ciel, ou par la causerie, par le va-et-vient des promeneurs, les voix des chanteurs, les sons des musiciens ambulants ou les préparatifs d'un ballon qu'on va lancer. Cette promenade sera très-incessamment prolongée, de manière à rejoindre, par des pentes faciles et des ponts jetés sur le gave, la route de Pierrefitte, et à compléter ainsi le plus agréable circuit. C'est sur cette route de Pierrefitte, dont le commencement longe le parc et ses grands arbres, que l'on prenait autrefois l'exercice de la soirée. Sa chaussée toujours parfaitement unie, constamment arrosée, les arbres et les prés qui la bordent, le passage des cavalcades et des voitures qui rentrent à cette heure, en font encore un lieu de prédilection pour un grand nombre et d'agréable diversion pour tous.

La promenade à cheval ou à âne est aussi très-salutaire. On trouve à Cauterets, pour s'y livrer, les animaux de l'allure la plus douce et la plus sûre, les mieux dressés, les plus propres à ce genre d'exercice, les guides les plus adroits et les plus attentifs. La grange de la Reine-Hortense, site charmant par ses bois et ses prés, le col d'Arregiou qu'on atteint un peu plus loin, positions d'où l'on domine la ville et son riant bassin, et d'où la vue s'étend, au-delà du défilé de Pierrefitte, sur la vallée d'Argelès, les flancs cultivés des monts d'Avantaigues, le château de Lourdes et, plus loin à l'horizon, sur Tarbes et sa plaine jusqu'aux côteaux du Gers ; à l'opposé, la grange de Latapy, le fond de Catarave, où l'on arrive par des sentiers délicieusement ombragés et d'où l'on voit les montagnes de l'Est et du Sud ; la gorge du Cambasque qui conduit au lac Bleu ; au midi, le verdoyant berceau de Lutour au gave très-accidenté, sortant des lacs d'Estom alimentés par les neiges des hauteurs du fond ; le val de Géret avec sa luxuriante verdure, sa belle aiguille de Peyrelanz, ses merveilleuses cascades du Cérizet, du Pas-de-l'Ours, de

Boussès; le pont d'Espagne où le mélange et la chute des eaux de Gaube et de Marcadau produisent les impressions à la fois les plus douces et les plus émou- vantes; le lac de Gaube, admirable bassin de 2 kilo- mètres de long sur 1 kilomètre de large, situé à 1500 mètres au-dessus du niveau de la mer, entretenu par la fonte des neiges du Vignemale, dont l'énorme masse le domine au fond, où se trouve la superbe cascade de Plumous, sont autant de buts plus at- trayants les uns que les autres et que l'on peut attein- dre sans trop de fatigue.

Enfin, la promenade en voiture vient prêter son utile concours, soit comme diversion, soit comme moyen uniquement praticable pour certains malades. Chaque jour de nombreuses calèches partent pour Pierrefitte, l'abbaye de St.-Savin, la vallée d'Arge- lès, Beaucens, Luz et St.-Sauveur. Ceux qui sont in- commodés par le cheval ou la voiture trouvent, dans les chaises à porteurs, un moyen aussi prompt que sûr de visiter les lieux que nous venons d'indiquer.

Telles sont les seules promenades que nous per- mettions aux malades et encore faisons-nous quelques réserves pour le lac de Gaube, les seules dont ils puissent user avec profit et sans danger. Il faut laisser aux bien portants et aux touristes les excursions éloi- gnées qui obligent à ne rentrer que tard, et consé- quemment à subir la fraîcheur de la nuit, d'autant plus à éviter qu'on a été exposé à une plus forte chaleur dans le jour, les ascensions qui exigent de grands efforts et exposent à tous les risques du froid intense, des courants d'air violents qu'on trouve toujours sur les sommets.

C'est donc pour eux seulement que nous mentionnons les courses suivantes que Cauterets, plus que toute autre localité, à cause de sa position centrale, offre en grand nombre. Telles sont les excursions :

A Barèges, Pic-du-midi, et Bagnères-de-Bigorre avec retour par Lourdes et la vallée d'Argelès.

Au cirque de Gavarnie, à la brèche de Rolland, au Marboré.

Au Vignemale, où l'on se rend le plus ordinairement par le lac de Gaube; après avoir visité ce point, l'un des plus élevés de la chaîne, on peut gagner Gavarnie par le col d'Ossoue; ou bien passer dans la vallée de Barèges par des gorges élevées au pied de Cestrède et de Mâle, ou bien revenir à Cauterets par la vallée de Lutour en passant par la Hourquette et les lacs d'Estom.

Au Marcadau, où l'on arrive du pont d'Espagne en deux heures, en passant entre le col d'Homi, Plouïtrenous, la Echole et Jarreté à gauche, le pic de la Eougade, Cardinquèze, Montaigu et Castelabarca à droite. De là on gagne la halte de Pé-de-May et la crête d'où l'on jouit du plus majestueux panorama formé de l'est à l'ouest par le Vignemale, le port et les pics d'Araillé et de l'Afront, le port du Marcadau, le pic de la Friche, la pène d'Aragon, Comalès, le port de Salient ou d'Azun, Arrieugrand, Labassa et Costérillou.

On peut revenir à Cauterets par les montagnes, en gagnant le col de la Bassole et en traversant les montagnes de Castelabarca, de Courouacou, de Bouc et le col de la Eougade d'où, par une descente longue et pénible, on arrive sur les bords du lac Bleu ou d'Illhéou et au Cambasque; ou bien, aller par le port du Marcadau, voir l'établissement thermal de Penticosa en Espagne, rentrer en France par la vallée d'Ossau, en visitant la grotte de Gabas, le Pic-du-Midi-d'Ossau, les Eaux-Chaudes et les Eaux-Bonnes, et revenir de celles-ci à Cauterets par le col de Torte, Arrens et St.-Savin. Mais on peut aussi se rendre de Cauterets aux Eaux-Bonnes en sens inverse par les montagnes, visiter cet établissement, les Eaux-Chaudes, le Pic-du-Midi-d'Ossau et Gabas, et dans une voiture particulière, revenir à Cauterets par les vallées en passant par Laruns, Rébénac, Nay, Lestelle et le Calvaire de Bétharram, Lourdes et Pierrefitte.

La promenade, possible à cheval, aux pelouses de Lisses jusqu'au col qui les termine entre le mont Ségala et le Tuc-Izardé, d'où l'on découvre la vallée d'Azun, la gorge de l'Abat de Bun, et d'où l'on peut revenir, quand on est à pied, par le col d'Esperracade.

L'ascension du Monné par la vallée de Cambasque : on monte pendant la nuit jusqu'à la cabane des pasteurs ; on en repart au petit jour pour aller jouir du splendide spectacle d'un lever de soleil dans les montagnes et l'on est encore dédommagé amplement de ses peines par la magnifique vue de tous les points culminants de la chaîne et de l'abaissement successif des hauteurs vers la plaine. On peut revenir par Catarave, qui est bien le chemin le plus agréable du Monné et peut se faire à cheval jusqu'au bas de la cime.

Les ascensions moins fatiguantes, mais non moins attrayantes, de Péguère, du Lisey, de Péraute, du pic si gracieux de Viscos, magnifique cône dominant les deux gorges les plus profondes des Pyrénées, celle de Cauterets d'un côté, celle de Luz de l'autre.

Enfin la promenade à St.-Sauveur par le col d'Arregiou et les pâturages des Béarnais.

La plupart des détails sur ces grandes excursions sont tirés de l'ouvrage si intéressant et si exact de M. V. de Chausenque, intitulé : *Les Pyrénées, ou Voyages pédestres dans toutes les régions de ces montagnes, depuis l'Océan jusqu'à la Méditerranée,* que l'on consultera avec le plus grand fruit, avant de les entreprendre.

On trouve à Cauterets, pour toutes ces promenades

et excursions, d'excellents guides, pleins de soins d'attentions, de dévouement pour les personnes qu'ils accompagnent. Ils sont tous ou presque tous loueurs de chevaux et de voitures que l'on rencontre aussi chez tous les selliers. (1).

(1) Voir ci-après, à l'appendice, la liste des guides, le tarif de leur salaire et de celui des porteurs.

CHAPITRE VIII.

Indépendamment des hôtels, toutes les maisons de Cauterets offrent aux baigneurs des logements remarquables, sinon par leur luxe, au moins par l'extrême propreté qui y règne, et par tout ce qui peut assurer la commodité et le bien-être des malades.

Les hôtels sont au nombre de sept, savoir :

L'hôtel de Richelieu, *à l'entrée de la rue de la Raillère;* l'hôtel du Parc et des Princes, l'hôtel de France, *rue de Richelieu,* avec tables d'hôte à 6 fr. par jour; l'hôtel de Paris, *sur la place;* les hôtels des Ambassadeurs, du Lion-d'Or, de la Paix, *rue de Richelieu,* avec tables d'hôte à 5 fr. par jour.

Tous sont parfaitement tenus et l'on y est servi avec toute la variété, l'abondance, la recherche et le confort désirable. Celui de Richelieu a inauguré, l'an passé, une nouveauté pour Cauterets, c'est-à-dire un gracieux et assez vaste salon, où l'on trouve un bon piano, des journaux, des jeux, et où les locataires, non-seulement jouissent de l'avantage d'attendre commodément les heures des repas, mais encore dépensent dans d'agréables distractions quelques heures du jour, et, surtout, celles de la soirée.

En dehors de la table d'hôte, tous ces hôtels servent en ville et l'on trouve, dans les maisons où on loge, la vaisselle, l'argenterie et le linge nécessaires au service, compris dans les conditions de la location, de même que le linge pour les bains que nous avons dit ailleurs être fourni par les hôtels et maisons particulières, et non par les établissements. Mais dans beaucoup de maisons, on peut aussi être nourri et cela de plusieurs manières; ou bien le propriétaire règle lui-même l'ordinaire pour un prix fixe convenu d'avance; ou bien, il achète d'après les indications qu'on lui donne, et règle à la fin de chaque journée; ou bien, on se charge soi-même de l'achat des aliments qu'il fait alors seulement préparer; ou bien enfin, une cuisine est mise, moyennant une faible rétribution pour l'emplacement et la fourniture du combustible, à la disposition des familles qui viennent avec leurs domestiques et qui, dès-lors, peuvent se traiter comme chez elles. On a pour cela toutes les facilités, attendu qu'à Cauterets il y a un marché assez abondamment approvisionné.

Quant au prix des logements, il varie suivant le moment de la saison où l'on vient et le quartier que l'on désire habiter. Il est nécessairement plus élevé, et même très-élevé, dans certaines situations, au temps de la plus grande affluence, pendant les mois de Juillet et d'Août, sensiblement moindre en Juin et en Septembre ; mais on peut dire, d'une manière générale, qu'un lit est estimé de 1 fr. 50 à 3 fr., suivant le lieu et l'époque de la saison ; et, comme les chambres sont le plus souvent à deux lits, le prix de chacune d'elles est donc de 2 fr. à 6 fr. par jour.

Le cercle Dupont, situé *rue de César*, où se trouvent au rez-de-chaussée un café et une salle de billard parfaitement tenus et approvisionnés, au premier des salons bien disposés et bien ornés pour les bals, les concerts, les représentations dramatiques, est pourvu de nombreux journaux et offre toutes les ressources que peuvent désirer les malades qui veulent se réunir et recherchent les distractions.

De plus, il y a, à la mairie, une vaste salle qui sert aussi à des concerts et à des représentations.

Disons encore que, à Cauterets, on rencontre d'habiles ouvriers et ouvrières en tous genres, des magasins de nouveautés richement approvisionnés ; d'autres magasins où l'on trouve les laines et lainages tant estimés du pays, les tissus de Luz, Barèges, Nay, les toiles ouvrées du Béarn si recherchées, les médailles, croix et chapelets de Bétharram, les bijoux et autres objets d'art et d'utilité domestique en buis, en racine de sapin, stalactite, marbre et autres pierres des Pyrénées, voire un magasin de l'industrie toute spéciale de notre colonie d'Alger; des cabinets de lecture, des librairies pourvues de tous les ouvrages de la littérature moderne, des livres de piété, guides, voyages, histoires sur les Pyrénées, vues, cartes et plans de tous les points intéressants de la chaîne.

Le courrier arrive tous les jours à Cauterets et en part dans la matinée; le bureau de la direction des postes est *rue de César*. Les bureaux des diligences sont *sur la place* et *rue de Richelieu*.

C'est de la place que partent les omnibus de la Raillère; il faut avoir soin de se munir d'un billet pour chaque départ, au bureau qui est *à l'entrée de la rue de la Raillère*. C'est sur la place aussi, que stationnent les porteurs et leurs chaises.

APPENDICE.

RÈGLEMENTS.

---

§ 1ᵉʳ. Règlement de police sur les guides et les porteurs. — Tarif de leur nombre et de leur salaire pour chaque course. — Liste des guides.

DÉPARTEMENT DES HAUTES-PYRÉNÉES.

ARRONDISSEMENT D'ARGELÈS. — COMMUNE DE CAUTERETS.

Le Maire de la commune de Cauterets,

Vu l'article 50 de la loi du 14-22 décembre 1789, portant que les fonctions propres au pouvoir municipal sont de faire jouir les habitants des avantages d'une bonne police;

Vu la loi du 16-24 août 1790, titre XI, articles 3 et 4, qui détermine les objets confiés à la vigilance et à l'autorité des corps municipaux;

Vu l'article 46, titre 1ᵉʳ, de la loi du 19-22 juillet 1791, qui autorise le Maire à faire des arrêtés sur lesdits objets:

Vu les articles 10 et 11 de la loi du 18 juillet 1837 sur l'administration municipale;

Vu le livre IV du code pénal, et spécialement l'article 471, n° 15, qui soumet à l'amende de police tous ceux qui contreviennent aux règlements légalement faits par l'autorité municipale;

Considérant que le premier devoir de l'autorité municipale est d'assurer par l'action d'une police vigilante le repos et la sécurité des citoyens;

Considérant que parmi les nombreux étrangers que les eaux thermales appellent dans les Pyrénées, il en est qui dans un but scientifique, de curiosité ou de plaisir, font des excursions dans les montagnes; qu'à Cauterets, un grand nombre d'individus s'offrent pour leur servir de guides; que, parmi ces guides, il en est qui, par leur expérience et leur parfaite connaissance des localités, sont en état de les conduire avec sécurité dans les ascensions les plus longues et les plus difficiles, tandis qu'il en est d'autres qui, n'ayant ni connaissance, ni expérience, ni même l'intelligence de pouvoir rendre compte des noms des montagnes éloignées, présentent moins de garantie pour les excursions éloignées et périlleuses;

Il est donc un devoir pour l'administration municipale, autant qu'il est en elle, de pourvoir à la sûreté des personnes qui visitent les montagnes, en leur faisant connaître le degré de confiance que les guides doivent leur inspirer ;

Le seul moyen de les prévenir contre le danger de se confier à des guides inexpérimentés, c'est de diviser ces derniers en deux classes, et de les obliger à porter les marques distinctives de la classe à laquelle ils sont jugés susceptibles d'appartenir par l'administration locale ;

Considérant en outre qu'il arrive souvent que ces mêmes étrangers louent des chaises à porteurs pour les courses qu'ils entreprennent, et qu'il convient, afin de compléter toutes les garanties possibles, de fixer le nombre d'hommes nécessaires pour chaque chaise pour ne pas exposer les étrangers à se trouver dans l'impossibilité de rentrer chez eux par suite de l'insuffisance de bras;

Il importe enfin, dans un but d'ordre, de faire connaître la classification des guides, ainsi que le tarif de leur salaire pour les différentes courses, comme il importe aussi de faire connaître le tarif que les porteurs pourront exiger.

ARRÊTE :

ARTICLE PREMIER.

Les individus qui, dans la commune de Cauterets, exercent l'industrie de guides des étrangers dans les montagnes, sont divisés en deux classes.

ARTICLE 2.

Les guides de la première classe porteront au bras une plaque en métal où seront inscrits ces mots : *Guide de 1re classe.* Les guides de deuxième classe porteront au bras une plaque en métal où seront inscrits ces mots : *Guide de 2me classe.*

ARTICLE 3.

Les guides de l'une et de l'autre classe ne pourront exercer leur industrie qu'après s'être munis de la plaque de leur classe, qui leur sera délivrée à la mairie, comme elle leur sera retirée s'ils venaient à démériter, sur décision de M. le sous-préfet.

La délivrance de la plaque sera accompagnée d'une carte revêtue du sceau de la mairie et de la signature du maire, contenant les noms et prénoms du guide et la désignation de sa classe.

ARTICLE 4.

Les guides seront tenus d'exhiber cette carte aux étrangers, s'ils en sont requis.

ARTICLE 5.

Tarif du salaire par jour pour chaque guide.

1° Pour Vignemale, Gavarnie, Mont-Perdu, ou autres dont on ne peut rentrer le même jour sans nourriture, huit francs par jour, ci. . . . . 8 f. 00 c.

2° Pour Monné, lac d'Ilhéü, Marcadau, lac Bleu, six francs, ci. 6 00

3° Pour Rigeü, arrivant à St.-Sauveur, six francs, ci. 6 00

4° Pour le lac d'Estom ou pour Serres, cinq francs, ci. 5 00

5° Pour le lac de Gaube, quatre francs, ci. 4 00

6° Pour le pont d'Espagne, ou Cambasque et Sinquet, trois francs, ci. 3 00

7° Pour la cascade de Cérizet-Dessus, deux francs, ci. 2 00

8° Pour la grange de S. M. la Reine-Hortense, deux francs, ci. 2 00

ARTICLE 6.

Tarif des chaises à porteurs en course.

1° Pour Vignemale, aller et retour, à quatre hommes
par chaise, cinquante francs, ci . . . . 50 f. 00 c.

2° Pour Marcadau et Monné, à quatre hommes par
chaise, trente francs. 30   00

3° Pour le lac de Gaube, Rigeü, Lisey ou Serres, à
quatre hommes par chaise, dix-huit francs, ci . . . 18   00

4° Pour le lac d'Estom, le lac Bleu, à quatre hommes
par chaise, vingt-cinq francs, ci. 25   00

5° Pour le pont d'Espagne, à quatre hommes par
chaise, quinze francs, ci. 15   00

6° Pour Cambasque ou Lutour, ancienne scierie,
dix francs, ci. 10   00

7° Pour la cascade du Cérizet ou pour la grange de
S. M. la Reine-Hortense, à deux hommes par chaise,
six francs, ci. 6   00

8° Pour la cascade de Larros, à deux hommes par
chaise, quatre francs, ci. 4   00

9° De Cauterets à Pierrefitte ou de Pierrefitte à Cauterets, quatre francs, ci. 4   00

10° Pour le pont de Fanlou, passant par Condaou et
rentrer par la route impériale, cinq francs, ci. . 5   00

11° Pour le tour du parc Brauhauban, deux francs, ci. 2   00

12° Pour la salle du Bal, aller et retour, un franc, ci. 1   00

13° Pour les bains de la Raillère, Pauze et César,
aller et retour, un franc, ci. 1   00

14° Pour les bains du Bois, deux francs, ci. 2   00

15° Pour les bains des Prés, un franc cinquante c. ci. 1   50

16° Pour les bains Bruzaud, Rieumizet, et Grand-
Etablissement, cinquante centimes. 0   50

ARTICLE 7.

Les contraventions aux dispositions du présent arrêté seront constatées par procès-verbal, conformément aux lois, par l'officier de police qui est chargé de l'exécution du présent qui sera publié et affiché aux établissements thermaux et aux autres lieux de la commune.

A la mairie de Cauterets, le 20 mars 1853.

Le Maire, BYASSON, *signé.*

Le présent arrêté a été approuvé par dépêche de M. le Préfet des Hautes-Pyrénées, en date du 29 avril 1853.

Certifié conforme :

Argelès, le 9 mai 1853.

Le Sous-Préfet,

B^{on} CH. DE PELLEPORT, *signé.*

Pour copie conforme :

Le Maire de Cauterets,

BYASSON, *signé.*

LISTE DES GUIDES DE 1ʳᵉ ET DE 2ᵐᵉ CLASSE.

PREMIÈRE CLASSE.

Latapy, Jean, *chemin du Mamelon-Vert.*
Baranne, Jean-Marie, *rue de Richelieu, à l'entrée de la ville.*
Lacarret, Joseph, *rue de Richelieu.*
Pouchan, Joseph.
Genthieu, Jean-Pierre, *route de Pierrefitte.*
Dulmo, Jean, *chemin du Mamelon-Vert.*
Sarniguet-Carro, Joseph, *près du pont de la Gille.*
Lacaze-Canon, Joseph, *près la place du Gᵈ.-Établissement.*
Dulmo, Joseph, *rue de Pauze.*
Poucydehau, Jean (oncle), *près du Grand-Établissement.*
Bordère-Berret, aîné, *rue de Richelieu.*
Pont, Jean-Marie, *rue Richelieu, à l'hôtel du Parc.*
Lamarque, Vincent, *rue de Pauze.*
Lacaze, Charles, *rue de Pauze.*

DEUXIÈME CLASSE.

Bordère-Berret, Joseph, *près du Mamelon-Vert.*
Soubie, Mathieu, *rue de l'Église.*
Latapy, Jean-Pierre (fils), *chemin du Mamelon-Vert.*
Gézat, Jean-Marie, *près du pont de la Gille.*
Roussat, Lucian, *chez M. DERREY, père.*
Vergès, Auguste, *chez M. DERREY, fils.*
Vergès, Joseph, *chez M. CAZENAVE, au Lion-d'Or.*

§ 2. Règlements des établissements thermaux de Cauterets.

PRÉFECTURE DES HAUTES-PYRÉNÉES.

RÈGLEMENT
Pour le Service des Établissements Thermaux appartenant aux communes de la Vallée de St.-Savin.

Le Préfet des Hautes-Pyrénées, officier [de la Légion-d'Honneur,

Vu la délibération, en date du 4 Février 1855, par laquelle la commission syndicale de la vallée de St.-Savin propose la modification du règlement et du tarif des établissements thermaux de Cauterets;

Vu l'ordonnance royale du 18 Juin 1823;

Vu le décret du 25 mars 1852 sur la décentralisation administrative,

ARRÊTE :

Les établissements thermaux de Cauterets, propriété de la vallée de St.-Savin, sont désignés ainsi qu'il suit :

1° Établissement de CÉSAR et des ESPAGNOLS ;

2° LA RAILLÈRE ;

3° PAUZE ;

4° LE BOIS ;

5° La source du VIEUX CÉSAR ;

6° id. de MAHOURAT ;

7° id. des OEUFS.

Les eaux de ces sources sont administrées en boisson, bains et douches d'après le tarif suivant:

7*

Boisson pour une personne, par jour et à chaque source. . . . . 0 fr. 10 c.

Abonnement à la boisson pour une source (durée du séjour). 3   00

Abonnement à la boisson pour toutes les sources (durée du séjour). 5   00

Le prix de la grande bouteille d'eau, y compris le remplissage, bouchonnage, goudronnage et la capsule, est de. 0   30

Le prix de la petite bouteille, y compris tous ces accessoires, est de. 0   20

La grande bouteille ne dépassera pas un litre.

La petite   id.   id.   demi litre.

Les prix des bains et douches sont fixés ainsi qu'il suit :

Bains à heure fixe, de 7 à 10 heures du matin, au Grand-Établissement et à la Raillère. 1   50

Grande douche, aux mêmes heures, au Grand-Établissement. 1   50

Bains et douches, à heure fixe, hors les heures ci-dessus désignées, pour tous les établissements. 1   25

Bains et douches, pris simultanément au Grand-Établissement et à celui de la Raillère, de 7 à 10 heures. 2   25

Bains et douches pour tous les établissements, en dehors de ces heures. 1   75

Bains de pieds. 0   30

Le règlement spécial, du 20 mai 1854, a déjà réglé la réduction de ces prix aux heures non fixes et en faveur des malades *peu aisés seulement.*

Dans les prix fixés ci-dessus se trouvent compris tous les frais de préparation de bains, de chauffage du linge ainsi que les soins des garçons et filles de bains.

Organisation du Service.

Art. 1er. — Les établissements ci-dessus sont exploités par voie de régie : le personnel chargé de cette exploitation est composé ainsi qu'il suit :

1° Un agent est chargé du matériel de tous les établissements thermaux, de la surveillance des édifices et des sources, de la rédaction des projets de réparation et d'entretien, ainsi que de la direction des travaux de toute nature intéressant la vallée.

Établissement de César et des Espagnols.

Un régisseur.
Un contrôleur.
Cinq garçons de bain.
Cinq filles de bain.
Un garçon de bain surnuméraire.
Une fille de bain, surnuméraire, chargée de la buvette.

Établissement de la Raillère.

Un régisseur.
Un contrôleur chargé, en outre, des attributions constitutives de son emploi, de la distribution des cartes de la buvette.
Trois garçons de bain.
Quatre filles de bain.
Une fille de bain, surnuméraire, chargée de la buvette.

Pauze.

Un régisseur-contrôleur.
Deux garçons de bain.
Deux filles de bain alternativement chargées de la buvette.

Au Bois.

Un régisseur-contrôleur.
Un garçon de bain.
Une fille de bain.

Vieux César.

Un régisseur chargé de la buvette et de l'expédition des eaux.

Mahourat.

Une fille de bain, surnuméraire, chargée de la buvette et de la source des OEufs.

Art. 2. — Tous ces employés sont nommés et révoqués, s'il y a lieu, par le préfet, sur la proposition du président de la commission syndicale, l'avis du médecin-inspecteur et celui du sous-préfet.

Ces employés auront une mise distincte et uniforme qui sera réglée par le président du syndicat.

L'agent, directeur des travaux, sera présenté par le président de la commission syndicale et nommé par le préfet sur l'avis du sous-préfet.

Attributions et devoirs des Employés.

Art. 3. — Le régisseur a la surveillance des employés au service des bains, et peut, pour faute grave, les suspendre provisoirement, sauf à en référer immédiatement au président du syndicat et au médecin-inspecteur.

Il est chargé de la distribution des cabinets de bains et des heures, de la distribution des cartes, de la tenue des livres de comptabilité, et il rend compte, dans sa tournée, au receveur municipal de la vallée, des recettes par lui opérées.

Il est interdit au régisseur, sous peine de révocation, de faire délivrer des bains et des douches sans la prescription d'un médecin. Cette prescription sera consignée sur le registre d'inscription.

Cette dernière disposition n'est pas applicable aux habitants de la vallée de St.-Savin et aux étrangers non malades.

Art. 4. — Les contrôleurs sont chargés de la surveillance et de l'organisation du service des bains, d'assurer la propreté des baignoires, buvettes et autres dépendances de l'établissement; de recueillir les cartes, aussitôt après leur remise par les baigneurs, et de les déposer dans une boîte dont le receveur de la vallée tiendra la clé.

Ils pourront, dans des cas urgents, suppléer le régisseur, mais ce dernier demeurera toujours responsable et ne pourra, sous peine de révocation, s'absenter de son poste sans une autorisation préalable du médecin-inspecteur et du président du syndicat.

Art. 5. — Les garçons et filles de bains sont chargés de la préparation des bains et d'entretenir la propreté, soit dans les cabinets, soit dans l'intérieur et aux abords des établissements. Ils seront tenus, sous peine de révocation, de graduer la température des bains et des douches selon l'ordonnance des médecins. A cet effet, chacun d'eux sera muni d'un thermomètre qui sera soumis à la vérification du médecin-inspecteur toutes les fois qu'il le jugera convenable.

Les garçons de bains seront également munis, par les soins de la vallée, du matériel nécessaire à leur service; inventaire en sera dressé, et ils en demeureront responsables. Ils répondront en outre de la perte ou de la brûlure du linge qui leur est confié.

Ces employés devront se conformer exactement à l'ordre de service réglé par le contrôleur. Ils ne pourront s'absenter sans la permission du régisseur, lequel en rendra compte au méde-

cin-inspecteur, si l'absence doit se prolonger plus d'un jour.
En cas d'absence illégale ou de tout autre manquement non
grave au service, il sera infligé par le régisseur une amende
qui ne pourra être inférieure à un franc ni supérieure à trois
francs. Il sera disposé du produit de ces amendes en faveur
des employés qui viendraient à tomber malades.

Il est interdit aux garçons et filles de bains de livrer un cabinet avant la remise de la carte. Il leur est également défendu
de rien demander aux étrangers, à l'égard desquels ils doivent
se conduire avec honnêteté et déférence. Toute infraction à
ces prescriptions entraînera la révocation.

Exécution du Service.

ART. 6. — Les établissements thermaux seront ouverts à
trois heures du matin et fermés à dix heures du soir. Néanmoins,
les malades pourront être admis en dehors de ces heures, sur
la prescriplion de leur médecin.

ART. 7. — La durée du bain et de la douche, pris simultanément, est d'une heure y compris le temps nécessaire pour
se déshabiller et s'habiller.

La durée des douches est de demi-heure tout compris; les minutes de retard compteront en déduction de la durée des bains.

Il sera rigoureusement veillé à l'exécution de ces prescriptions, afin de ne pas laisser mettre la perturbation dans la distribution des heures.

A cet effet, le contrôleur fera prévenir tout malade par les
baigneurs, baigneuses ou porteurs un peu avant le bain.

ART. 8. — Il sera ouvert dans chaque établissement un registre sur lequel tout malade, désirant se baigner à heure fixe,
s'inscrira lui-même ou par un tiers, pour faire connaître l'heure
et le numéro du bain et de la douche dont il veut faire usage
par suite des prescription d'un médecin de son choix.

M. le médecin-inspecteur est chargé de veiller à ce que la priorité des heures soit réglée d'après l'ordre des inscriptions.

Deux personnes peuvent être autorisées à se baigner alternativement à la même heure de deux jours l'un. Il faut, pour cela, qu'elles s'entendent, qu'elles forment simultanément leur demande et que leur rang d'inscription sur le registre soit connexe. Ainsi le n° 1 et le n° 2, ou le n° 3 et le n° 4 s'entendront dans le but ci-dessus ; non le n° 1 et le n° 3, ni le n° 1 et le n° 4, etc., sans le consentement de l'inscrit ou des inscrits intermédiaires.

Dès qu'une ou plusieurs heures de bains ou douches deviendront libres, ces heures profiteront à ceux qui les premiers, en ont consigné la demande sur le registre d'inscriptions.

A mesure qu'une heure est rendue libre, le contrôleur en prévient le premier inscrit.

Chaque inscription utilisée perd son rang. Une deuxième mutation, s'il y a lieu, est l'objet d'une nouvelle inscription.

Pendant les heures vacantes, le régisseur peut mettre un bain à la disposition du malade qui le demande par la voie de l'inscription.

Art. 9 — Pour connaître le mouvement journalier de l'établissement, et quelles sont les heures occupées ou libres, le registre d'inscription porte un état de situation, indiquant le nombre des malades et leur numéro d'ordre, ainsi que le tableau des heures vacantes et des heures retenues.

Art. 10. — Les étrangers doivent observer la plus grande ponctualité à se rendre aux bains ou douches ; ils se règlent sur l'horloge de l'établissement. L'heure sonnée leur compte, absents ou présents.

Art. 11. — Tout étranger qu'un cas de maladie, d'absence ou toute autre cause obligera d'interrompre ses bains, en préviendra le régisseur ; s'il ne le prévient pas, il doit les bains non utilisés.

Le malade, dans le cas ci-dessus, peut céder son heure à quelqu'un des membres de sà famille habitant avec lui, sans que le cessionnaire ait besoin d'inscription.

Art. 12. — Les enfants au-dessous de dix ans peuvent se baigner dans la même baignoire avec leurs parents; cette circonstance n'élève pas le prix du bain.

Art. 13. — Un registre sera ouvert dans chaque établissement et mis à la disposition des baigneurs pour recevoir les plaintes qu'ils auraient à former contre les employés attachés au service des bains.

Service de la buvette et de l'exportation.

Art. 14. — Les filles de bain chargées du service de la buvette ne délivreront de l'eau minérale que pour la boisson, et seules elles pourront faire le puisage de l'eau à la source. Il est seulement loisible à chaque malade de remplir son verre au robinet.

Art. 15. — Aucune exportation d'eau minérale provenant des sources appartenant à la vallée de St.-Savin, ne sera faite qu'en y joignant un certificat d'origine délivré par le médecin-inspecteur.

Les bouteilles seront goudronnées et capsulées au cachet de la vallée. Aucun dépôt de ces eaux destinées à l'exportation ne sera établi qu'à la source même, ou dans un des établissements de la vallée.

Art. 16. — Hors le mois de juillet et d'août, la boisson aux sources est gratuite pour tous les étrangers qui se baigneront dans les établissements de la vallée.

Comptabilité du service.

Art. 17. — Les règles de la comptabilité sont déterminées par le règlement du 20 mai 1854.

Dispositions exceptionnelles.

Art. 18. — Tous les habitants des communes qui composent la vallée de St.-Savin ont droit à l'usage gratuit des eaux, suivant l'ordre de leur arrivée jusqu'au 15 juin, et postérieurement au 15 septembre. Du 15 juin au 15 septembre, ils n'auront droit à la gratuité que pendant les heures vacantes.

La même faculté est concédée aux indigents de tous les pays, pourvu qu'ils soient munis d'une autorisation du préfet du département, ou du sous-préfet d'Argelès.

Tarbes, le 22 mai 1855.

Signé : O. Massy.

RÈGLEMENT
De Comptabilité pour la régie des Établissements Thermaux de Cauterets.

Le Préfet des Hautes-Pyrénées ,

Vu la délibération par laquelle la commission syndicale de la vallée de St.-Savin a voté l'exploitation par voie de régie des établissements thermaux de Cauterets ;

Vu le tarif et le règlement pour l'administration desdits établissements ;

Vu l'avis de la commission syndicale de la vallée et celui de M. le sous-préfet d'Argelès ;

Vu l'ordonnance du 18 juin 1823 ,

ARRÊTE :

Art. 1er. — Il sera fait emploi de cartes pour l'administration des bains et douches des établissements thermaux de Cauterets.

_ Ces cartes seront de couleur :

Bleue pour les bains et douches du prix de.... 1 fr. » c.

Violette	—	» 75
Verte	—	» 50
Rouge	—	» 30
Jaune	—	» 25
Grise	—	» 20
Blanche	—	» 15

Ces cartes seront revêtues de la signature du président du syndicat et de celle du receveur spécial.

Elles seront remises en compte aux régisseurs qui en demeureront responsables et en délivreront récépissé au receveur spécial de la vallée. Chaque régisseur comptable, avant d'en faire la remise aux malades, s'en fera payer le montant.

Art. 2. — Les régisseurs comptables fourniront une caution suffisante pour la garantie de leur gestion, s'il est jugé nécessaire par la commission syndicale et le receveur spécial.

Art. 3. — Les régisseurs comptables sont chargés de la distribution des cartes aux personnes inscrites sur le registre ouvert à cet effet dans chaque établissement et portant indication de l'ordre des inscriptions.

Les régisseurs ne pourront délivrer des cartes sans délivrer en même temps une quittance détachée du journal à souche ; ce registre sera totalisé à la fin de chaque journée.

Le total des sommes reçues sera rapporté sur un registre récapitulatif où seront ouvertes autant de colonnes qu'il y aura de sortes de recettes.

Art. 4. — Les baigneurs de service retireront les cartes au fur et à mesure que les bains et douches seront administrés, et les remettront immédiatement au baigneur en chef. Dans le cas où ce dernier serait absent, ils retiendront les cartes pour les lui remettre dès son arrivée.

Le baigneur en chef pourra seul les déposer dans une boîte à ce destinée et dont le receveur spécial aura la clé.

Il est expressément défendu aux baigneurs et baigneuses, sous peine de révocation, de donner des bains sans la remise d'une carte.

Art. 5. — Le receveur spécial se transportera tous les cinq jours *au moins* aux établissements thermaux ; il arrêtera le livre des régisseurs, il fera remettre un bordereau des sommes qu'il aura reçues et en délivrera des quittances à souche qu'il inscrira à la main sur les registres des régisseurs.

Art. 6. — Cette opération terminée, il procèdera à la vérification des cartes et s'assurera que celles qu'il a trouvées dans la boîte, réunies à celles qui resteront à rentrer et à celles qui seront reconnues entre les mains du régisseur comptable, forment un nombre égal à celles qu'il lui aura remises en compte.

Art. 7. — Si un malade était obligé de quitter l'établissement ou de suspendre ses bains et douches, le montant des cartes qu'il n'aurait pas utilisées lui serait remboursé, sous la condition de rigueur qu'il aurait fait personnellement, sur le registre à ce destiné, la déclaration de départ ou de cessation un jour à l'avance.

En cas d'empêchement personnel, cette déclaration pourra être faite par un serviteur, le propriétaire de son logement ou le commissaire de police.

Le remboursement des cartes non utilisées sera effectué par le régisseur comptable sur la remise de ces cartes et au vu de la déclaration ci-dessus. Il en passera écriture immédiatement.

Art. 8. — Les cartes pour bains ou douches à heure fixe devront être employées sans interruption ; on ne remboursera que celles qui se rapporteront à la période qui suivra la déclaration.

Art. 9. — Les régisseurs comptables sont placés spécialement sous la surveillance du receveur spécial, du président de la commission syndicale et du sous-préfet.

Art. 10. —- Les régisseurs comptables sont seuls chargés d'accorder des réductions de prix pour les bains et douches qui ne seront pas à heure fixe. Mais, contrairement à la délibération de la commission syndicale, prise le 30 avril 1854, les prix réduits seront invariablement fixés comme ci-dessus, eu égard à la portion de fortune des malades et aux époques de la saison thermale.

Les contestations entre les régisseurs comptables et les malades peu aisés touchant le prix que ces derniers doivent payer pour leurs bains et douches, seront jugées par le médecin-inspecteur et le président de la commission syndicale.

Art. 11. —- Le présent arrêté sera imprimé et affiché en placard aux lieux ordinaires dans les établissements thermaux de Cauterets.

Il en sera adressé des exemplaires au sous-préfet, au président de la commission syndicale, au receveur général, au receveur spécial, à l'inspecteur des eaux minérales et au commissaire de police.

Tarbes, le 20 mai 1854.

Signé : O. MASSY.

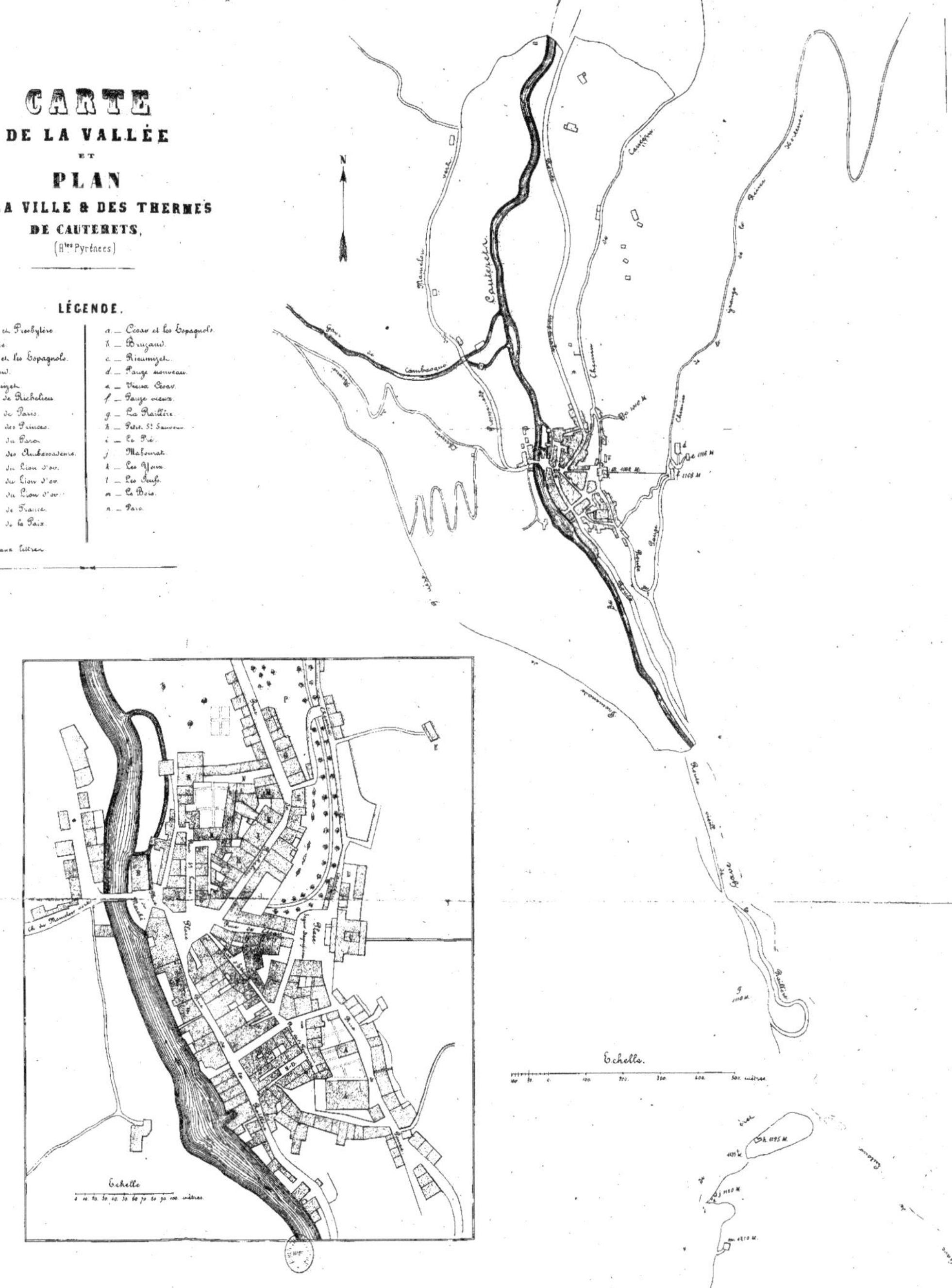

CARTE
DE LA VALLÉE
ET
PLAN
E LA VILLE & DES THERMES
DE CAUTERETS,
(Htes Pyrénées)

LÉGENDE.

N

Echelle.

Brest, Imp. et Lith. Roger, r. d'Aiguillon, 42.